小烤箱的
低醣低碳甜點

 餅乾 × 派塔 × 吐司 × 蛋糕 新手必備的第一本書

目錄

CHAPTER 01

事前準備

CHAPTER 02

元氣小點心

療癒系小蛋糕

暖心的派塔

能量滿滿的
蛋糕卷 VS 麵包

CHAPTER 06

人氣最夯的鹹甜蛋糕

一起做出驚艷甜點

　　年過半百了，身邊朋友總有受三高、糖尿病的疾病所苦，家族遺傳基因恐怕遲早避免不掉，因此我對於飲食的選擇一向注重，體檢數據仍然維持理想狀態。

　　107 年 3 月經朋友推薦低糖低碳飲食方式，嘗試 2 個月後，身體明顯感覺輕盈，肩頸也不再痠緊，更年期的頻尿，失眠也獲得良好改善。

　　房仲業務的工作平日壓力頗大，偶爾會吃甜食慰藉一下緊張的工作情緒，但是低糖低碳飲食後，市售的甜點通通都不符合低糖低碳了！為了滿足對甜點的慾望，只好自己做看看囉！

　　家裡只有一台小烤箱，也沒有烘焙經驗的我，嘗試了生平的第一個甜點就是油蔥鹹蛋糕，竟然大獲好評，呼聲不斷，鼓舞了我，令我信心大增，原來做生酮甜點沒有自己想像的難！

　　那・智姐將食譜中食材的計量，茶匙統一用公克數計算，除了分量精準外，化繁為簡的步驟，容易購得的食材更大大的提升成功機率及成就感喔！

本書使用說明

　　本書所介紹的料理，只需使用一般家用烤箱，烤箱容量約 25 升以上即可，有上下火更佳，如果沒有上下火，可依食譜時間為基準，接近烘烤完成時，注意表面上色程度，依實際上色狀況，調整烘烤時間。例如蛋黃酥的表層若未達金黃色，則需加長烘烤時間（每台烤箱溫度都有差異，建議要顧爐）。

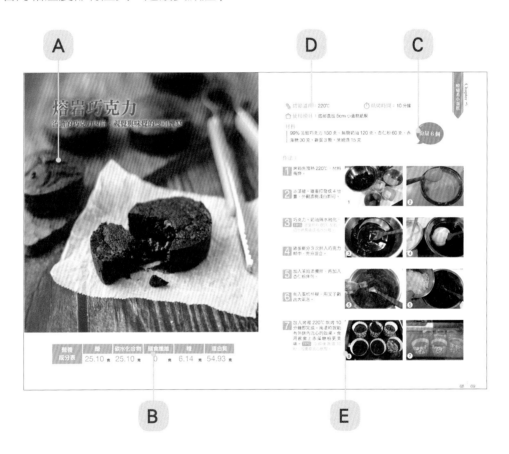

A：成品圖

B：營養成分表──會標出該道料理的碳水化合物、膳食纖維、醣分等營養成分。

C：材料說明──會標出該篇食譜將使用到的材料，並依材料的多寡標示出份量。

D：使用工具說明──會標出該篇食譜將使用到的工具，烤箱溫度及烘烤時間。

E：詳細步驟圖──搭配作法，附上步驟流程圖，可以透過圖片了解當前步驟，更快理解製作方法。

Chapter 1

事前準備

低醣烘焙的世界，有哪些不可或缺的材料？什麼樣的工具可以助你事
半功倍？如何查詢營養成分、計算你一天的醣分攝取？開始之前，先
來認識這些資訊吧。

低醣烘焙的原理——
低醣低碳三大類替換食材

　　做生酮甜點前，我們必須要了解麵粉與糖，這兩樣食材替換的差異性。如果按照使用麵粉的食譜直接做替換，你絕對會遇到挫折，注定失敗。下面智姐分別帶你找出兩者的差異處，建立初步概念之後，你的低醣低碳烘焙就更好上手囉！

■ 低碳烘焙——麵粉烘焙

一、麵粉具有麩質，當麩質碰到水會產生筋性，使麵包在烘焙時會膨脹起來，如吹氣球一樣，在與酵母作用下，麵包會鬆軟帶有嚼勁。
二、麵粉中的麩質可以幫助成品定型，使成品不易變形塌陷產生裂痕。
三、杏仁粉不含麩質，保水性不佳，烘焙中水分蒸發快速，容易讓成品快速老化、碎裂。
四、杏仁粉也沒有麵粉中的麵筋網絡，沒有強韌的網絡，成品的組織也較容易鬆散，不易黏結。

■ 低醣烘焙——白糖烘焙

　　低醣烘焙中不會使用白糖，所以食譜皆使用代糖、赤藻糖醇、甜菊糖、羅漢果糖替代。糖在甜點中不僅是具有甜味而已，它還有其他非常重要的功能。

一、白糖加入蛋白有助穩定打發，代糖無法取代。所以低糖食譜要打發蛋白時，通常會建議加入塔塔粉、白醋或幾滴檸檬汁，幫助蛋白快速打發。
二、白糖是酵母的養分，可以使麵團產生大量空氣，讓麵包膨脹，但酵母不吃代糖，在低醣食譜中只會給予酵母的味道，製作低醣甜點時，我們可以添加泡打粉或蘇打粉來幫助膨脹。
三、代糖加熱無法提供褐色焦糖，溫度降低時容易產生凝結，成品柔軟度稍差。少了麵粉中的麩質，白糖的特性，所以在低醣低碳烘焙中必須找其他物質作為替換。

■ 水果的選擇運用

　　台灣是水果王國，水果種類多、甜度高，深得大眾喜愛。但是不可忽略其中的糖分，過多的果糖會經肝臟轉化成為三酸甘油酯，再轉變為脂肪，攝取過多更會加重肝臟的負擔，適度攝取可幫助消化減少便祕，改善皮膚狀況，增加飽足感，水溶性纖維有助減重。
　　水果常被使用於甜點製作裝飾，低糖低碳的甜點選擇 GI（升糖指數）值偏低的水果適量攝取就可安心食用。

低醣烘培的重要替代食材

　　生酮甜點最大的特性就是利用糖與粉類材料的替換來製作低醣點心，其中有幾樣特別常見的核心材料你必須先認識，知道這些食材的特性，你會更進一步了解低醣烘培的內容，也能逐漸掌握低醣烘培的替換原則。

■甜味的替代

赤藻糖醇

　　赤藻醣醇是透過天然植物發酵取得，存在於菇類、水果及許多發酵製成品中，包括酒、醋、醬油。研究指出，攝取後能迅速被小腸吸收，快速由尿液排出體外，無須經過代謝分解，與一般代糖、蔗糖不同，不會造成血糖大幅升高，也不會干擾胰島素分泌，糖尿病友食用也適合。甜度是一般砂糖的 70%，每公克熱量僅約 0.2 大卡（一般砂糖每公克約 4 大卡），口感帶有涼味，易溶於水，常應用在無糖及低卡食品或直接當成甜味劑使用。

保存方法

開封後密封常溫保存。

羅漢果糖

　　羅漢果於傳統中藥醫學廣泛使用，口感甜帶甘，對於清熱消暑、抗菌消炎、潤肺止咳有療效。但因羅漢果種植不易，只有在溫差極大，且紫外線強烈照射的高山中才能栽種，所以成本也相對高，市售多為赤藻醣醇與羅漢果萃取物的混合產品，味道更接近二號砂糖，甜度是一般砂糖的 100%。羅漢果糖是天然的甘味料、在歐美及日本也被大量廣泛運用在製作甜點商品上。

保存方法

開封後密封室溫保存。

甜菊糖

　　甜菊是小菊科植物，摘取葉子食用，有自然的甜味。南美洲的印地安人對甜菊的甜味感到震驚，竟然如此的甜美可口，因此將它當做甜味添加劑使用。醫學研究甜菊糖的熱量極低，加熱後也相當穩定。甜度是一般蔗糖的 30 倍，加以純化後更是一般蔗糖的 300 倍，臨床研究顯示甜菊糖對於降低血糖、心血管作用、抗菌作用、消化系統、皮膚都具有功效。不過甜菊糖帶有像是甘草的草本味道，有些人的接受度較低，市面上常見有液體跟粉狀兩種。

保存方法
液體狀冷藏、粉狀室溫保存。

■ 麵粉的替代

杏仁粉

　　杏仁粉是低醣烘焙運用最多的材料，幾乎可以完全取代麵粉，但它不具備麵粉的延展性也無法發酵。購買杏仁粉時要特別注意，雖然都叫杏仁粉，但其實有製作甜點用的杏仁粉跟沖泡飲品用的杏仁粉，用在飲品沖泡的南北杏仁，香氣濃烈，顏色呈鵝黃色無法用於甜點製作。製作甜點用的杏仁粉也分去皮杏仁粉跟無去皮杏仁粉。去皮杏仁粉經過去皮再打磨粉質細緻，淡黃色適合做烘焙甜點、蛋糕。無去皮杏仁粉，未經過去皮打磨，顆粒較大、棕褐色、烘烤的成品粗糙、扎實並有顆粒感，比較適用於塔皮、餅皮、派皮的製作。

　　本書所用的杏仁粉 Almond Flour 是由美國甜杏仁磨碎打粉之後變成細緻的粉末，淡黃色沒有強烈氣味，只有淡淡的堅果香，著名的法國甜點馬卡龍、瑪德蓮就是使用這種杏仁粉製作的，COSTCO 有販售，智姐經常使用。記得直接購買馬卡龍專用杏仁粉即可，不要自己買回來磨，會出油結成塊狀，無法使用。

保存方法
開封後密封冷藏。

黃金亞麻仁籽粉

　　亞麻仁籽可分為兩類，黃令亞麻籽與紅棕色亞麻仁籽。兩種亞麻仁籽的含油量不同，紅棕色多用於榨油，而黃金亞麻籽主要用在烘焙上。亞麻籽中包含 28% 左右的膳食纖維，遠高於其它果蔬和雜糧，富含 omega-3 脂肪酸，對人體相當有益。

椰子粉

　　由椰子肉烘乾磨碎至非常細緻的粉末，淡黃色，因為容易和絲狀的椰子粉混淆，有時候也稱椰子細粉。無麩質，質輕有空隙且帶清香，適合用來做司康、蛋糕，也富含膳食纖維，易於消化，能有效降低膽固醇。

保存方法

　密封儲存在陰涼的地方。

TIPS 黃豆粉也是麵粉替代類的常見食材。

■鮮奶的替代

　　製作甜點鮮奶不可少，但因鮮奶含有乳糖、乳糖酶分解成葡萄糖和半乳糖後更易被人體吸收。低糖甜點不建議使用，可用以下食材替代鮮奶油、椰漿、杏仁奶、豆漿、優酪乳、優格、酸奶。

動物性鮮奶油

　　動物性鮮奶油是全脂牛乳脫去部分水分，殺菌製成，無甜味，含脂率約 35%。因為是天然牛奶製成，反式脂肪也較少，但容易腐壞變質，保存要特別注意。

保存方法

　保存期限短不適合冷凍，冷凍再解凍後容易呈油水分離的狀態。

酸奶

　　將酵母菌加入鮮奶油，置於約 22℃ 的環境中發酵直到使其乳糖附含有至少 0.5% 的乳酸含量，使其具有乳酸發酵的微酸香味，較一般奶油更具濃烈天然的奶脂香味。

■ 膨鬆劑的替代

泡打粉

　　杏仁粉無法像麵粉有延展性以及發酵膨脹的作用，低醣甜點中會使用泡打粉，讓杏仁粉的體積可以更膨脹並產生空氣感，使蛋糕口感更接近麵粉類製作的蛋糕、甜點。

　　食譜裡均使用 RUNFORD 無鋁泡打粉，它是智姐使用各種品牌後，比較過效果選定喜愛使用的品牌。

蘇打粉

　　烘烤蛋糕與麵包時，讓麵糊膨脹的重要材料，只要與液體結合、接觸濕氣，便會產生二氧化碳。可以中和酸性物，常常用於巧克力蛋糕中，降低可可粉的酸性。

天然酵母

　　酵母是製作麵包最基礎的原料之一，可以幫助麵包發酵，使麵糰膨脹，形成較鬆軟的質地。富含多種維生素、礦物質、以及麥角固醇、谷胱甘肽等多種活性物質，是非常健康的食材。在低醣食譜中也可做為風味添加使用。

塔塔粉

　　是一種酸性的天然白色粉末，可用來中和蛋白中的鹼性。能使蛋白打發時容易打出更細緻的蛋白。本身為鹼性的蛋白放愈久鹼性會愈強，因此若使用陳蛋製作糕點常常需要加塔塔粉，反之則可省略。

TIPS 打發蛋白也可以用來作為膨鬆劑的替代。

■ 延展性的替代

莫扎瑞拉乳酪起司

　　運用它的延展性，可以在低醣烘焙中彌補無麩質粉類欠缺的筋性，可以盡量接近麵粉烘焙的口感及延展性。購買時盡量選擇納含量低的產品。開封後密封冷藏，盡速食用完畢。

■黏稠度的替代

吉利丁粉（片）

吉利丁是以動物皮的蛋白質及膠原製成，帶淺黃色、無味。製作布丁、慕斯、甜點、冰品經常用到的凝固劑，有粉末狀及片狀，兩者可互相替換使用。

洋車前子粉

洋車前子粉有粉末狀及片狀，兩者可互相替換使用。低醣烘焙的食譜中使用都是粉末狀，吸水後會變成凝膠狀，因為低醣烘焙使用的粉都是無麩質的，在沒有麩質的狀態下，黏合度較差，容易碎裂，洋車前子粉可當作結合劑，增加黏稠度，同時也可使成品有Q軟口感。

TIPS 其他還有奇亞籽、寒天粉、洋菜粉可用於黏稠度的替代。

■水果的替代

藍莓

藍莓所含的維生素C、A，是所有水果中最豐富的，可鮮食或做成果凍、果醬、沙拉、鬆餅等等，是產後婦女補身子最好的天然食品。

草莓

產季大約都落在11月至4月，不只外觀鮮美紅嫩，果肉多汁。還富含維生素C是皮膚合成膠原蛋白的重要營養素，加上維生素A、E及鐵對皮膚好，因此草莓具有美白、保濕、抗氧化、增強免疫力等功能。

覆盆莓

滋味酸甜爽口，富含豐富的黃酮類物質及抗氧化劑，能夠有效的促進人體皮膚細胞的新陳代謝以及細胞的再生長，能抗老化和美白，減少脂肪形成。

TIPS 其他還有檸檬、奇異果、葡萄柚、芭樂、酪梨、青蘋果、柳橙、櫻桃、聖女小番茄、水梨都是屬於GI值偏低的水果。

■風味的添加

可可粉

可可粉是將烘烤過的可可豆去除油脂後，再磨成粉而製成。天然可可粉具有促進腸胃蠕動、幫助腸胃消化的功能。可用來改變糕點的外觀與風味，香氣濃烈更是蛋糕、點心的重要調味。

咖啡粉

由咖啡豆研磨而成，可當作裝飾用的撒粉與內餡調味使用，不同咖啡豆、烘焙程度等皆會影響風味的差異。不只味道香醇濃厚，還有加速新陳代謝、抗氧化的效用。

黑芝麻粉

黑芝麻粒焙炒研磨成粉。可用來改變糕點的外觀與風味，或是內餡調味使用。維生素 E 非常豐富，能幫助身體對抗氧化、老化等問題。

抹茶粉

抹茶粉是茶樹透過遮光的方式栽培，採收茶葉經過殺青後，磨碎而成的粉末。具有兒茶酚，有抗氧化作用，味道濃郁、高雅，受很多人喜愛。製作麵團、內餡時作為調味拌料使用，亦可撒在點心外圍作為裝飾。

肉桂粉

具備濃厚的氣味、辛辣度，富含維持腦神經機能並能將碳水化合物轉變成能量的維生素 B1；更含有能分解氧化脂質並促進細胞再生的維生素 B2 等珍貴的維生素。可以預防手腳冰冷，改善浮腫。在烹調料理或是甜點的製作時常會用到。

海鹽

海鹽為食用鹽的一種，通過海水蒸發以獲得海水中的鹽分，可以用於烹調。利用天然的食用鹽，取代精緻鹽，可以添加點心風味。

香草精

香草精，提煉自香草豆莢，是透過香草豆莢、水、以及酒精所萃取製成。可以去除蛋腥味或是製作麵團、內餡時作為調味拌料使用。

堅果

堅果多為植物種子的子葉或胚乳，營養價值很高，包括杏仁、腰果、榛子、核桃、松子、夏威夷果等。大多含有鈣，鎂，鐵，鋅，鐵等礦物質，還有豐富的維生素 E 和 B 族維生素，並且都有很好的抗氧化成分。像是杏仁就具有抗老化、促進傷口癒合的功效；核桃也能抵抗衰老，調節激素分泌。

TIPS 其他還有優格、優酪乳、檸檬、黑莓、藍莓、草莓、椰漿粉、綠茶、薑黃粉、無糖花生醬……都是可以做為其獨風味添加的食材。

工具用途與選擇

　　如果是烘培新手，可以藉由本篇了解一些烘培工具的用法及特色，並視個人需求添購所需工具，將有助於你更順利的製作。

1、電子秤
　　食譜中食材重量多以電子秤計算。如粉類及濕料使用電子秤測量，用量會更精準。

2、電動攪拌器（或食物調理機）
　　打碎堅果或製作果醬用的水果，可將食材打得更細緻。

3、手動打蛋器
　　用於混合與攪拌使用，可準備大小各一支。

4、電動打蛋器
　　用於打發蛋白或鮮奶油，快速穩定、節省時間。

5、擀麵棍
　　用於擀平麵團、建議購買可調厚度的，方便依需求調整。

⑥　　　　　　　　　⑦　　　　　　　　　⑧

⑨　　　　　　　　　⑩

6、量匙（勺）
量匙在添加少量調味料時使用。例如：海鹽、泡打粉、可可粉、抹茶粉。

7、量杯
量杯可以盛裝液態食材，杯上有計算刻度。

8、抹刀
一字型抹刀利用抹刀將餡料抹平，購買大於蛋糕兩吋的比較好用。

9、刮板
用於切割麵團或鏟起殘留桌面上的麵粉，混勻食材也可使用。

10、刷子
成品表面塗抹奶油或蛋黃液使用，材質建議選擇耐熱矽膠。

11、**轉盤**
　　製作蛋糕時，在塗抹鮮奶油時，需要轉盤輔助，有助抹平與抹出光滑的裝飾，尺寸可買大一點方便擺放蛋糕體及塗抹。

12、**篩網**
　　篩杏仁粉一定要用水果汁篩網，避免粉類結塊，且能更為細緻。小孔篩網可用於表面裝飾使用，例如：抹茶粉、可可粉、糖粉。

13、**擠花袋**
　　用於裝入鮮奶油或其他餡料，固定擠花嘴一起使用，建議可買大、中尺寸就好。

14、**擠花嘴**
　　製作蛋糕表面裝飾使用，各式造型可呈現不同的擠花效果，新手建議買中、大規格花瓣式樣練習。

15、**溫度計**
　　精準測量烤箱內溫度，維持最佳烤溫，掌握溫度成功機率更高。

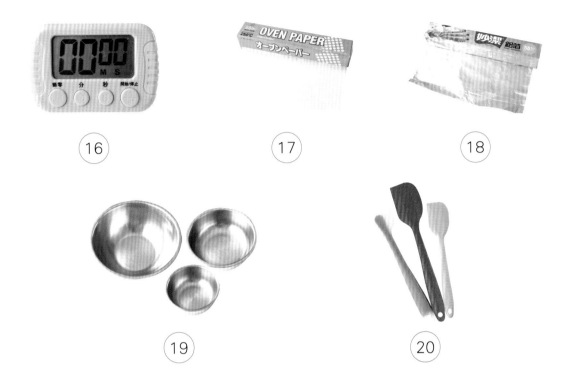

16

17

18

19

20

16、計時器
　　協助你精準計算烘烤或靜置的時間，避免因為忙碌忘記時間。

17、烘焙紙
　　用於烤盤避免沾黏，脫模容易、好清洗。揉麵團時可鋪在桌面防沾。

18、錫箔紙
　　可用於活動模底部，防止水分進入及覆蓋避免上色過度。

19、盛裝器皿
　　可準備 2～3 個大、中、小，底部圓弧、無死角的容器，用來混合材料、材料秤重，
　　建議選購 304 不銹鋼材質。

20、刮刀
　　用於拌勻食材，同時可將盆內殘糊刮乾淨，建議選購耐熱材質 2～3 把，大小尺寸
　　各有用途，軟硬各有作用。

學會查詢營養成分，計算醣分

　　認識食物中的含醣量，並進行醣類計算，才能幫助自己控制攝取量。但是食物中的營養成分要怎麼查詢呢？醣分又該如何計算？就讓本篇來為你解答。

碳水化合物－膳食纖維＝醣

　　碳水化合物數值扣除不被人體吸收的膳食纖維，獲得的數值就是醣分的含量。而食物中所含的碳水化合物以及膳食纖維，我們可以透過不同的管道來查詢。

看包裝上的營養標示

　　最簡單的方式就是看食品包裝上的營養成分標示，市面上常見且合乎規定的營養標示有兩種。一種是標示「每份」和「每 100 公克或毫升」，可以快速比較兩種不同產品的熱量和營養素的差別。另一種標示「每份」和「每日參考值百分比」以每日攝取 2000 大卡為基礎，了解食品的熱量和營養素占比。

　　基本上都會有熱量、蛋白質、脂肪、飽和脂肪、反式脂肪、碳水化合物、糖、鈉等營養標示。部分商品也會直接標出膳食纖維的含量。若是碳水化合物跟膳食纖維都有清楚標示，就可以直接套用公式做計算。但是如果沒有營養成分標示可以看的話，我們還是有其他查詢營養成分的方法。

營養標示		
每一份量　公克〔或毫升〕		
本包裝含　份		
	每份	每 100 公克
熱量	大卡	大卡
蛋白質	公克	公克
脂肪	公克	公克
飽和脂肪	公克	公克
反式脂肪	公克	公克
碳水化合物	公克	公克
糖	公克	公克
鈉	毫克	毫克

營養標示		
每一份量　公克〔或毫升〕		
本包裝含　份		
	每份	每日參考值百分比
熱量	大卡	％
蛋白質	公克	％
脂肪	公克	％
飽和脂肪	公克	％
反式脂肪	公克	＊
碳水化合物	公克	％
糖	公克	＊
鈉	毫克	％

八大營養標示

食品營養成分資料庫

　　FDA 食品營養成分資料庫是衛服部建立的營養成分數據資料庫，可以利用分類查詢以及關鍵字查詢功能來查詢各種食品的營養成分。

Step **1** 　進入「食品營養成分查詢」首頁，在關鍵字欄位中輸入你要查詢的食材。

Step **2** 　按下搜尋。

Step 3   選擇最符合你要尋找的食材資訊。

A01703	意麵
K001	雞蛋平均值
K00101	雞蛋（白殼）
K00102	雞蛋（黃殼）

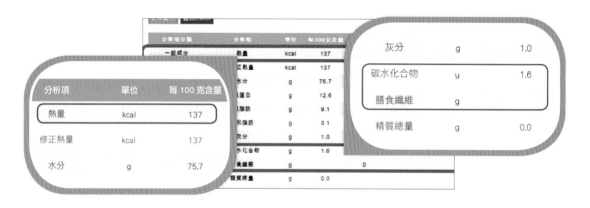

Step 4   可以看到每 100 公克中，食材所含的各種營養成分。包含熱量、總碳水化合物和膳食纖維。

分析項	單位	每 100 克含量
熱量	kcal	137
修正熱量	kcal	137
水分	g	75.7

灰分	g	1.0
碳水化合物	g	1.6
膳食纖維	g	
精質總量	g	0.0

Step 5   依你攝取的食物量，直接調整公克數。

重（可食部分） 1 × 粒 63.

計算每 60 克成分值

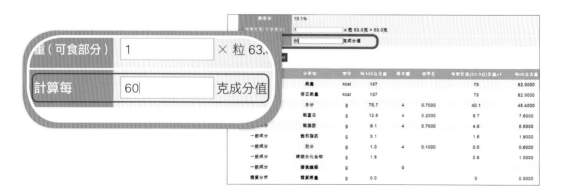

Step 6

按下更新顯示。

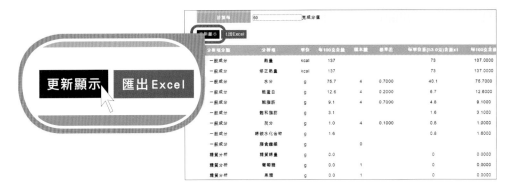

Step 7

找到該食材所含的總碳水化合物和膳食纖維。將碳水化合物的數值減去膳食纖維的數值，就能知道自己攝取的醣分有多少。

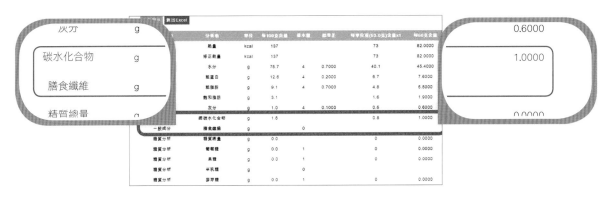

Step 8

除了醣分以外，也能查出熱量等其他重要的營養成分資訊。

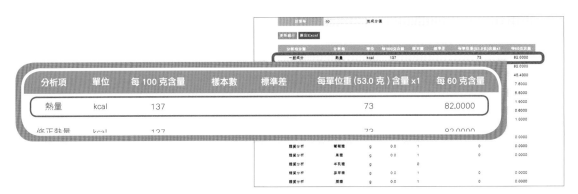

分析項	單位	每 100 克含量	樣本數	標準差	每單位重 (53.0 克) 含量 x1	每 60 克含量
熱量	kcal	137			73	82.0000
修正熱量	kcal	137			73	82.0000

用手機也能輕鬆查出營養成分

　　除了利用網站查詢營養成分，現在使用手機也能夠透過各種 APP 獲得食物的營養成分資訊。

  營養成分 APP

　　這款 APP 的數據來自衛福部建置的「食品營養成分資料庫」，介面簡單，操作直觀，便於在手機上直接查詢營養成分。

Step 1
打開 APP，點擊最上方的搜尋。

> 🔍 搜尋

Step 2
輸入食材名稱。

> 雞蛋

項次	名稱	俗名	英文名稱
1	雞蛋麵	-	Noodle: egg flavored
2	雞蛋平均值	-	Hen's egg
3	雞蛋(白殼)	-	Hen's egg: white eggshell

Step 3
就可以看見詳盡的營養成分資訊。

營養成分分析

名稱	雞蛋(白殼)	《
英文名	Hen's egg: white eggshell	
俗名	-	
分類	蛋	

分析項	含量		
	每100克	每個51克	單位
熱量	137	69.9	kcal
粗蛋白	12.6	6.4	g
粗脂肪	9.1	4.6	g
總碳水化合物	1.6	0.8	g
鈉	133.3	68.0	mg
鉀	131.8	67.2	mg
鈣	48.4	24.7	mg
磷	180.9	92.3	mg

市面的健康 APP

除了衛福部的資訊以外，市面上也有很多款 APP 也能幫你簡單輕鬆地查找到食物的營養資料，並以簡單的方式來幫助你記錄飲食。像是 FatSecret 卡路里計算器，就是相當便利的 APP。

Step 1
打開這類的 APP 登入後，多半可以看見飲食計畫表。

今天

前往飲食計劃表

➕ 早餐

尚未添加食物

➕ 午餐

Step 2
透過記錄飲食，搜尋食材名稱。

早餐

🔍 搜尋食物

Step 3
選擇最符合你要尋找的資訊，不止能記錄飲食也能查看相關營養資料。

水煮蛋

營養成分

份量	1 顆
熱量	79kcal
水分	40.7 克
脂肪	5.3 克
碳水化合物	0.56 克
膳食纖維	0 克
糖	0.56 克
蛋白質	6.29 克

FatSecret 卡路里計算器

Android

iOS

Chapter 2
元氣小點心

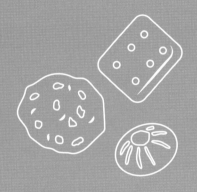

下午嘴饞想吃點心、有點餓又不會太餓的時候,這些點心、餅乾滿足你的味蕾。健康又不怕吃胖,快來選一道試試。

椰香小球

外形可愛、香酥可口的點心

營養 成分表	醣	碳水化合物	膳食纖維	糖	蛋白質
	0 克	8.63 克	42.0 克	8.63 克	19.48 克

🌡 烤箱溫度：160℃　　　　⏱ 烘烤時間：20 分鐘

份量 12 顆

材料

| 無鹽奶油 30 克、赤藻糖 30 克、椰子粉 120 克、雞蛋 2 顆、
裝飾用椰子粉適量

作法：

1 烤箱預熱，備好所有食材粉料。

2 無鹽奶油融化後加入赤藻糖、雞蛋攪拌均勻。

3 倒進椰子粉攪拌均勻。取約 15 克粉團，用掌心與手指捏圓（約可分成 12 等份），放在鋪好烘焙紙的烤盤上。

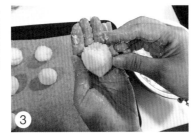

4 椰子球表皮滾上裝飾用椰子粉，留間隔放入 160℃ 的烤箱，烘烤 20 分鐘即完成。

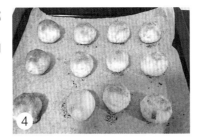

貼 心 提 醒

1. 千萬不要用非常細的椰子細粉，會噎到無法食用喔！
2. 冷卻後室溫可保存兩週。

堅果貝果

外皮酥脆、內部柔軟，愈嚼愈香

營養成分表	醣	碳水化合物	膳食纖維	糖	蛋白質
	13.6 克	32.40 克	18.8 克	5.34 克	81.41 克

🌡️ 烤箱溫度：180℃　　　⏱️ 烘烤時間：25 分鐘

🍱 使用模具：甜甜圈模具

材料

份量
5 ～ 6 個

莫札瑞拉起司 200 克、奶油乳酪 40 克、雞蛋 1 顆、適量南瓜子

粉料：杏仁粉 80 克、泡打粉 5 克、洋車前子粉 10 克

作法：

1 烤箱預熱 180℃，莫札瑞拉起司、奶油乳酪微波 1 分鐘後取出攪拌均勻。

2 粉料充分混合拌勻，粉團與乳酪用手揉混合搓勻。

①

②

3 作法 2 加入雞蛋一起搓成麵團。

4 麵團分 5 等分。甜甜圈模先鋪一層南瓜子，再將麵團壓入甜甜圈模具內。

③

④

5 扣出後放置於鋪有烘焙紙的烤盤上，麵團中間留縫隙，放進烤箱。

④

⑤

貼 心 提 醒

1. 莫札瑞拉起司、奶油乳酪也可隔水加熱軟化。
2. 乳酪、蛋與粉的混合，用手揉能最快速均勻。

彩椒培根百匯披薩

牽絲的濃郁美味，令人愛不釋手

營養 成分表	醣	碳水化合物	膳食纖維	糖	蛋白質
	29.37 克	37.17 克	7.80 克	17.22 克	78.40 克

🌡️ 烤箱溫度：180℃　　　⏱️ 烘烤時間：15分鐘

材料

餅皮：莫札瑞拉起司200克、杏仁粉50克、雞蛋1顆、
　　　　番茄醬適量

參考餡料：

肉類：雞肉、培根、臘肉、香腸、花枝、鮪魚、火腿、烏魚子

蔬菜類：彩椒、羅勒、黃瓜、菇類、花椰、洋蔥

份量
1個／6吋

作法：

1 150克莫札瑞拉起司微波
30秒，軟化後與杏仁粉
攪拌成團，再加入雞蛋完
全混合。

2 取出一張烘焙紙，放上麵
團，壓平約0.8公分厚。

3 放入烤箱，烤至表面上色
起泡即可。

4 餅皮表面塗番茄醬，擺滿
喜好的食材餡料，再鋪上
50克莫札瑞拉起司，放
入烤箱180℃烘烤15分
鐘即完成。

貼 心 提 醒

1. 微波後的起司小心燙手。
2. 水分多的蔬菜需炒乾。
3. 起司本身有鹹味注意餡料的鹹度。

台式蛋黃酥

層層疊疊，外皮酥脆，內餡鹹香美味

營養成分表	醣	碳水化合物	膳食纖維	糖	蛋白質
	66.77 克	75.37 克	8.60 克	41.62 克	126.72克

🥄 烤箱溫度：180℃　　　⏱ 烘烤時間：15 分鐘

材料

鹹蛋黃 10 顆、萊姆酒 10 克、芝麻粉 60 克、杏仁粉 150 克、熱水 30 克、赤藻糖 60 克、豬油 20 克、室溫無鹽奶油 20 克、雞蛋 1 顆、蛋黃 1 顆、玫瑰鹽少許、黑芝麻少許

份量 10 顆

作法：

1 鹹蛋黃上塗抹萊姆酒，以 180℃ 烘烤 8 分鐘，起泡即可取出。

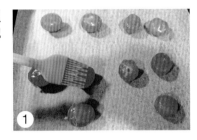

2 芝麻粉拌熱水後加入 30 克的赤藻糖備用。

3 豬油、室溫無鹽奶油、杏仁粉、雞蛋、30 克赤藻糖、玫瑰鹽攪拌成麵糊，放入冷藏 30 分鐘。

4 將作法 2、3 分別分成 10 等份，搓成圓形後壓扁。

5 取一個塑膠袋或手套戴手上，第一層麵團、第二層芝麻餡、第三層鹹蛋黃，手指朝掌心握拳，完整包覆餡料。

6 縮口處朝下放入烤皿，表面塗上蛋黃液，頂點用芝麻綴飾，放進烤箱 180℃ 烘烤 15 分鐘即完成。

TIPS 擺放時需留間距，烘烤完成後，靜置烤盤 5 分鐘再取出表皮史香。

台式蔥油餅

有點餓又不太餓的最佳選擇

營養成分表	醣	碳水化合物	膳食纖維	糖	蛋白質
	10.54 克	22.04 克	11.5 克	5.02 克	46.94 克

⌂ 使用工具：平底鍋

材料

莫札瑞拉起司 100 克、奶油乳酪 25 克、杏仁粉 30 克、雞蛋 1 顆、青蔥 100 克、亞麻仁籽粉 20 克、油適量、番茄醬適量

份量
1 片／約 4 人份

作法：

1 莫札瑞拉起司、奶油乳酪微波 1 分鐘，取出後趁熱攪拌，再加入杏仁粉、亞麻仁籽粉、雞蛋拌勻揉成麵團。

2 取一張烘焙紙，擺上麵團，再蓋上一張烘焙紙，壓平約 0.5 公分厚度。

3 打開烘焙紙，表面鋪滿切碎的蔥花。

4 餅皮表面塗番茄醬，擺滿喜好的食材餡料，再鋪上 50 克莫札瑞拉起司，放入烤箱 180℃ 烘烤 15 分鐘即完成。

5 平底鍋加些許油，放入平底鍋小火烘烤至雙面焦黃上色，即完成。

貼心提醒

也可使用烤箱，以 160℃ 烘烤 15 分鐘，翻面再烤 3 分鐘。

蔥花蘇打餅乾

鹹香、鹹香的解饞零嘴

營養 成分表	醣	碳水化合物	膳食纖維	糖	蛋白質
	18.93 克	38.83 克	19.9 克	9.94 克	36.90 克

烤箱溫度：200℃　　　烘烤時間：10 分鐘

材料

室溫無鹽奶油 60 克、蛋白 1 顆、蔥適量、海鹽 1 克

粉料：杏仁粉 150 克、蘇打粉 2.5 克、胡椒粉 1 克

份量 24 片

作法：

1 蔥切碎成蔥花後放入烤箱 150℃ 烘烤 5 分鐘，去除水分備用。

2 所有粉料混合均勻後，將室溫無鹽奶油用指腹搓揉與粉料捏成麵團，加入蛋白搓合。

3 取一張烘焙紙放烤盤，再放上麵團，蓋上一層保鮮膜，壓整成約 0.3 公分的厚度。

4 餅皮切成 4 公分方塊狀，取下保鮮膜，表面用叉子插洞。

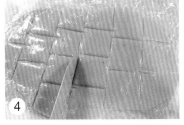

5 鋪上蔥花，撒點海鹽輕壓一下，放入冷藏 30 分鐘後取出。

6 烤箱預熱 200℃，放入烤箱烤 10 分鐘，取出後趁熱用刀子劃痕，放涼即可食用。

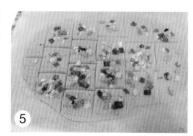

⑤

⑥

⑥

貼 心 提 醒

1. 顧爐上色即可。
2. 可利用烘培紙內摺方式將麵團整成正方形狀，切片較完整好看。
3. 喜歡義式香料也可以將蔥花替換其它口味喔！
4. 完全冷卻才會酥脆、密封罐保存，一週內完食。

義式綜合堅果脆餅

口感酥脆、香味濃厚愈嚼愈唰嘴

營養成分表	醣	碳水化合物	膳食纖維	糖	蛋白質
	13.24 克	54.84 克	41.60 克	14.97 克	54.96 克

🥄 烤箱溫度：160℃   ⏱ 烘烤時間：25 分鐘

材料

雞蛋 1 顆、堅果 120 克、奶油 60 克

粉料：杏仁粉 150 克、泡打粉 6 克、海鹽 2 克、赤藻糖 80 克、
　　　　椰子細粉 50 克

份量 10 片

作法：

1 先取出奶油，讓奶油在室溫中融化備用。

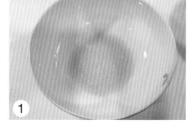

2 粉料混合拌勻，再將融化的奶油加入粉料中，用指腹搓成顆粒狀。

3 加入雞蛋攪拌成麵團。

4 加入喜好的堅果與麵團混合拌勻。

5 桌面鋪上一層保鮮膜，麵團整成橢圓形狀，厚度 3 公分，保鮮膜包好，冷凍 24 小時後取出。

6 取出後切成 0.8 公分厚度，間隔擺入烤盤中，進烤箱160℃烘烤25分鐘。

7 烤箱調整成 130℃，翻面再烤 20 分鐘。

貼心提醒

1. 堅果，如核桃、杏仁片、開心果粒、南瓜子……皆可使用。
2. 麵團可多做一些，存放冷凍，隨烤隨吃。
3. 烤的時間要足夠才會乾、硬、脆，密封可保存 1 個月。
4. 可以將奶油塊切碎與粉料結合，成品會變得酥脆。
5. 冷凍的時間夠久，更容易切成條不會鬆散。

迷迭香草起司條

淡雅的迷迭香氣和起司最般配

營養 成分表	醣	碳水化合物	膳食纖維	糖	蛋白質
	13.03 克	28.03 克	15.00 克	9.08 克	67.10 克

🌡 烤箱溫度：170℃　　　⏱ 烘烤時間：20分鐘

材料

無鹽奶油50克、迷迭香少許(乾燥、新鮮皆可)、起司絲130克、雞蛋1顆、鮮奶油50克

粉料：杏仁粉150克、鹽1.5克

份量 18 條

作法：

1 烤箱預熱170℃，迷迭切碎，無鹽奶油切丁，起司切碎備用。

2 所有粉料混合拌勻。

3 加入迷迭香碎片、無鹽奶油丁，用指腹揉捏讓麵團成顆粒狀。

4 加入起司碎片拌勻。

5 倒入鮮奶油，充分混合成麵團。

6 麵團分成 18 等份（每份約 22 克），搓成圓條狀，預留膨脹空間，擺在烘焙紙上。

7 放在烤盤上塗抹蛋液。送進烤箱烘烤 20 分鐘後取出，即完成。

貼 心 提 醒

1. 切勿讓奶油溫度過高，會不酥脆。
2. 冷卻後放密封罐可保存一週。
3. 新鮮的迷迭香，用流水沖洗，輕輕揉搓，洗去污垢後，用乾淨的紙巾拍乾。捏住枝葉尖端，另一隻手壓在下方的莖上，輕輕按壓，手指向下滑動，就能將葉片無損地取下。

三色松露巧克力

繽紛色彩，讓你吃上一口就有好心情

營養 成分表	醣	碳水化合物	膳食纖維	糖	蛋白質
	21.88 克	29.88 克	8.00 克	8.04 克	36.17 克

🖊 烤箱溫度：180℃　　　　⏱ 烘烤時間：8 分鐘

材料

99% 苦甜巧克力 180 克（其中 60 克為包裹外衣用）、鮮奶油 60 克、
無鹽奶油 20 克、熟夏威夷豆 100 克、赤藻糖 30 克、抹茶粉適量、
巧克力粉適量、椰子細粉適量

份量 10 個

作法：

1 將夏威夷豆放入烤箱，180℃ 烘烤 8 分鐘，壓碎備用。

2 鮮奶油、赤藻糖先隔水加熱，融化後離火加入 120 克的苦甜巧克力，無鹽奶油拌勻。

3 加入夏威夷豆碎片混合拌勻，蓋上保鮮膜放入冷藏 1 小時。

4 取出作法 3 後分 10 等份（每份約 30 克），搓成圓球狀，再放回冷藏。

5 隔水加熱融化包裹外衣用的 60 克苦甜巧克力。至冷藏取出巧克力球，裹上巧克力糊。

6 分別在巧克力球表面沾上抹茶粉、巧克力粉或椰子細粉，擺入小紙杯內。

貼心提醒

1. 巧克力勿加熱過度，60℃就要離火 (或是水煮到冒小泡泡關火)，否則會油水分離無法復原。
2. 夏威夷豆可換成其它喜愛的堅果。
3. 不用烤箱的話，也可以用平底鍋炒香夏威夷豆。
4. 選用 75% 的苦甜巧克力糖分碳水稍高，無需再加赤藻糖醇。
5. 製作過程溫度愈低愈好，太黏手時可回放冷藏冰一下。

廣式桃酥

口感鬆脆，核桃香氣鮮明的古早味

營養成分表	醣	碳水化合物	膳食纖維	糖	蛋白質
	27.32 克	36.72 克	9.4 克	6.96 克	42.23 克

🌡️ 烤箱溫度：180℃　　　⏱️ 烘烤時間：15 分鐘

材料

豬油 50 克、核桃 60 克、雞蛋 1 顆、蛋黃 1 顆

粉料： 赤藻糖 50 克、亞麻仁籽粉 20 克、杏仁粉 100 克、泡打粉 1.25 克、海鹽少許

份量 9 個

作法：

1 核桃送進烤箱 180℃ 烘烤 10 分鐘，壓碎備用。

2 所有粉料混合，加入豬油充分拌勻。

3 加入雞蛋拌成麵團。

4 核桃碎加入麵團中拌勻。

5 分 9 等份，每份約 30 克，搓圓放烤盤上。

6 9 份麵團分別壓扁約 1 公分厚度，周圍會呈現自然裂痕。

7 中心點用指腹壓凹。 TIPS
可於壓凹處點綴一顆核桃。

8 把蛋黃打勻，麵團表層塗上蛋黃液，再放入烤箱以180℃烘烤15分鐘，即完成。

貼 心 提 醒

1. 烤至表面呈金黃色為佳。
2. 豬油可替換無鹽奶油不需要融化直接拌入粉料中。
3. 表面上色後可蓋鋁箔紙防表面焦黑。

北平蔥肉胡椒酥餅

外皮香酥、餡料夠味的國民美食

營養成分表	醣	碳水化合物	膳食纖維	糖	蛋白質
	43.37 克	76.77 克	33.4 克	12.73 克	96.09 克

🌡️ **烤箱溫度**：170℃   ⏱️ **烘烤時間**：20 分鐘

材料

乳酪絲 100 克、橄欖油 10 克、白芝麻 3 克、雞蛋 2 顆

粉料：杏仁粉 60 克、泡打粉 5 克、亞麻仁籽粉 90 克、赤藻糖 10 克
（可不加，加了口味比較豐富）、鹽適量、胡椒粉適量

內餡食材：牛或豬肉 140 克、大蒜少許、洋蔥半顆、青蔥少許、鹽適量、
醬油適量、辣椒 1 根

份量 6 個

作法：

1 將內餡食材的肉切細條狀、大蒜、洋蔥、青蔥、辣椒切碎丁。

2 起油鍋加入橄欖油，將作法 1 倒入炒香拌熟，加入適量的醬油和鹽調味備用。**TIPS** 餡料炒乾不要留太多水分。

3 乳酪絲微波 1 分鐘軟化。

4 粉料拌勻後加入雞蛋混合拌勻。

5 乳酪糊與麵糊攪拌均勻成麵團。

6 分成 6 等份，搓圓後壓平厚度約 1 公分。

7 手套上塑膠袋，掌心向上放上餅皮，餅皮上放內餡，表面撒蔥花，包起來，收口朝下。

8 壓扁沾上白芝麻，放入烤盤。170℃ 烤 20 分鐘即完成。**TIPS** 沾芝麻要輕壓一下才不會粘不牢。

貼心提醒

1. 熱食、冷食皆美味。
2. 冷藏後可回烤 5 分鐘再食用。

Chapter 3
療癒系小蛋糕

小巧的杯子蛋糕，造型可愛，份量不多，搭配下午茶剛剛好。享受天然堅果的香氣，品味奶油霜綿密的口感，各種口味任君挑選。

堅果馬芬

濃厚的堅果香，鬆軟濕潤的口感

營養成分表	醣	碳水化合物	膳食纖維	糖	蛋白質
	22.19 克	51.59 克	29.40 克	10.56 克	61.53 克

🌡 烤箱溫度：180℃　　⏱ 烘烤時間：30 分鐘

🍴 使用模具：底部直徑 4.8cm 中型馬芬耐烤杯

材料

無鹽奶油 100 克、杏仁粉 150 克、赤藻糖 60 克、雞蛋 2 顆、黃金亞麻仁籽粉 30 克、泡打粉 5 克、核桃 60 克、萊姆酒 10 克

份量 6 個

作法：

1 將所有材料量好，核桃敲碎備用。室溫融化奶油加入赤藻糖拌成淺白色後，加入雞蛋攪拌成蛋糊。

2 杏仁粉、泡打粉、亞麻仁籽粉過篩加入蛋糊中，拌成麵糊。

3 留下少許碎核桃作為裝飾用。其餘碎核桃與萊姆酒加入麵糊中，充分拌勻。

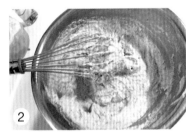

4 分 6 等份舀入杯模至 9 分滿左右。

5 表面撒上碎核桃，放入烤箱 180℃ 烘烤 30 分鐘即完成。

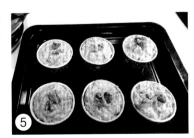

貼心提醒

核桃可替換成南瓜子、杏仁角或夏威夷豆等不同堅果。

黑芝麻杏仁杯子

香氣濃郁的黑芝麻，養生又健康

營養成分表	醣	碳水化合物	膳食纖維	糖	蛋白質
	26.07 克	26.07 克	0 克	10.64 克	26.18 克

🌡 烤箱溫度：180℃　　　⏱ 烘烤時間：25 分鐘

🍱 使用模具：6 連杯不沾瑪德蓮模

材料

黑芝麻醬 30 克、奶油乳酪 80 克、杏仁片適量、赤藻糖 40 克、雞蛋 2 顆、塔塔粉 1.25 克

份量 6 個

作法：

1 烤箱預熱 180℃。黑芝麻、赤藻糖、奶油乳酪隔水加熱約 60℃，攪拌成糊狀，將蛋白、蛋黃分開後，加入蛋黃拌勻。

2 蛋白加入塔塔粉打發至濕性勾狀後，分 2 次拌入麵糊中。

3 烤模塗抹奶油防沾。

4 攪拌好的麵糊倒入烤模，表面撒上杏仁片，放入烤箱 180℃ 烘烤 25 分鐘即完成。

貼 心 提 醒

1. 打發蛋白亦可用白醋或塔塔粉 3 倍的檸檬汁。
2. 奶油乳酪勿加熱過度。
3. 3 日內完食。

英式紅茶舒芙蕾

口感鬆軟，下午茶的最佳女主角

營養 成分表	醣	碳水化合物	膳食纖維	糖	蛋白質
	9.37 克	9.37 克	0 克	3.14 克	19.63 克

🌡️ 烤箱溫度：170℃　　　⏱️ 烘烤時間：12 ～ 15 分鐘

🍲 使用模具：底部直徑 6.8cm 陶瓷舒芙蕾烘焙杯

份量 3 個

材料

紅茶湯 20 克、鮮奶油 30 克、杏仁粉 30 克、赤藻糖 30 克、
雞蛋 2 顆、泡打粉 2 克、奶油適量

作法：

1 烤箱預熱 170℃。烘焙杯抹上一層奶油後，撒上赤藻糖，用滾杯的方式讓烘焙杯內側沾滿糖粉，多餘的赤藻糖倒出備用。TIPS 一定要滾杯讓糖之後才會變高。

2 將雞蛋的蛋黃與蛋白分開，蛋黃、杏仁粉、泡打粉、鮮奶油加入紅茶湯混合拌勻。

3 蛋白加入赤藻糖打發，分 2 次拌入麵糊中。

4 麵糊倒入烘焙杯，震出大氣泡，將烘焙杯放入烤箱中，170℃ 烘烤 12 ～ 15 分鐘即完成。

貼 心 提 醒

1. 記得顧爐。
2. 快速完食才是最佳賞味期。
3. 食用前記得撒上赤藻糖粉會更美味。
4. 紅茶湯可替換成可可、咖啡、抹茶口味。

韓式明洞雞蛋糕

鬆軟口感，還有一整顆鹹鹹甜甜的蛋

營養成分表	醣	碳水化合物	膳食纖維	糖	蛋白質
	24.17 克	24.17 克	0 克	8.07 克	79.46 克

🖊 烤箱溫度：180℃　　　⏱ 烘烤時間：30 分鐘

🍶 使用模具：底部直徑 5cm 小蛋糕紙模

材料

雞蛋 8 顆、赤藻糖 50 克、無鹽奶油 40 克、杏仁粉 100 克、泡打粉 3 克、起司絲 30 克

份量 6 個

作法：

1 烤箱預熱 180℃，隔水加熱融化奶油。加入 2 顆室溫雞蛋、赤藻糖打發成乳白糊狀。

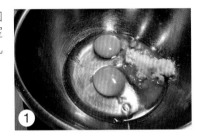 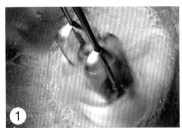

2 加入杏仁粉以及泡打粉攪拌均勻。

3 作法 2 倒入紙模，約 3 分滿，分別打入雞蛋 1 顆。

4 覆蓋一層起司絲，放入烤箱 180℃ 烘烤 30 分鐘即完成。

貼心提醒

1. 食用前表面撒上香料粉更好吃。
2. 室溫過低時全蛋不易打發，可隔水加熱約 40℃ 左右再進行打發。

熔岩巧克力

流動的巧克力內餡，視覺與味覺的雙重饗宴

營養 成分表	醣	碳水化合物	膳食纖維	糖	蛋白質
	25.10 克	25.10 克	0 克	6.14 克	54.93 克

🌡 烤箱溫度：220℃　　⏱ 烘烤時間：10 分鐘

🍳 使用模具：底部直徑 5cm 小蛋糕紙模

材料
99% 苦甜巧克力 150 克、無鹽奶油 120 克、杏仁粉 60 克、
赤藻糖 30 克、雞蛋 3 顆、萊姆酒 15 克

份量 6 個

作法：

1. 烤箱先預熱 220℃，材料備齊。

2. 赤藻糖、雞蛋打發成 4 倍量，外觀濃稠淺白即可。

1

2

3. 巧克力、奶油隔水融化。
TIPS 溫度約在 60℃左右，切勿過高變成油水分離。

4. 雞蛋糊分 3 次拌入巧克力糊中，充分混合。

3

4

5. 加入萊姆酒攪拌，再加入杏仁粉拌勻。

6. 倒入蛋糕杯模，用叉子戳出大氣泡。

5

5

7. 放入烤箱 220℃ 烘烤 10 分鐘即完成。高溫時就能有外酥內流心的效果。食用前撒上赤藻糖粉更美味。TIPS 冷卻後微波 10 秒，可還原為流心狀態。

6

7

花瓣堅果肉桂卷

酥酥脆脆，簡單、好吃又漂亮

營養成分表	醣	碳水化合物	膳食纖維	糖	蛋白質
	23.28 克	25.78 克	2.5 克	5.67 克	49.54 克

🌡️ 烤箱溫度：160℃　　⏱️ 烘烤時間：15 分鐘

🍱 使用模具：底部直徑 4cm 耐烤杯

材料

莫札瑞拉起司 100 克、赤藻糖 50 克、肉桂粉 10 克、
杏仁粉 100 克、泡打粉 5 克、碎核桃適量

份量 6 個

作法：

1 烤箱預熱 160℃，將莫札瑞拉起司微波 30 秒軟化。TIPS 如果沒有要烤，切勿讓起司卷變乾。

2 杏仁粉、泡打粉、赤藻糖混合拌勻。

3 軟化的莫札瑞拉起司與粉料搓合成麵團。

4 麵團擀平約 0.8 公分厚度，表面抹上肉桂粉。

5 麵團捲成圓條狀，切成 6 等分，表面劃幾刀撥開成花瓣狀，放入耐烤紙杯。

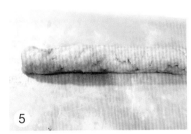

6 撒上碎核桃輕壓一下，放入烤箱 160℃ 烘烤 15 分鐘即完成。

香橙瑪德蓮

橙香撲鼻而來，外酥內軟的法式小點

營養成分表	醣	碳水化合物	膳食纖維	糖	蛋白質
	3.43 克	23.33 克	19.9 克	14.70 克	22.74 克

🌡️ 烤箱溫度：200℃   ⏱️ 烘烤時間：20 分鐘

📦 使用模具：6 格不沾瑪德蓮模

材料

椰子油 50 克、雞蛋 2 顆、橙汁 100 克（約 2 顆）、橙皮屑 1 顆量、奶油適量

粉料：椰子細粉 50 克、杏仁粉 30 克、泡打粉 5 克、甜菊糖 10 滴

份量 6 個

作法：

1 烤箱預熱 200℃，橙皮磨屑備用。

2 所有粉料混合。

3 加入橙皮屑，用指腹搓揉到完全混合。

4 加入雞蛋、椰子油拌勻。

5 再將橙汁加入，充份攪拌完全。

6 麵糊裝入擠花袋，烤模塗抹一層奶油防沾。

7 以 Z 字形的方式擠入烤模，大約 8 分滿。放進烤箱 200℃ 烘烤 20 分鐘即完成。**TIPS** 烤模有紋路，Z 字形擠入才會填滿。

貼 心 提 醒

1. 烤 10 分鐘麵糊中央會凸出要記得顧爐，才能有外酥內軟、上色漂亮的瑪德蓮可以享用喔。
2. 一週內為最佳賞味期。

奶油戚風杯子

小巧可愛，深受大人小孩喜愛

營養 成分表	醣	碳水化合物	膳食纖維	糖	蛋白質
	14.96 克	26.46 克	11.50 克	11.88 克	49.23 克

🌡️ 烤箱溫度：180℃　　⏱️ 烘烤時間：15 分鐘

🏠 使用模具：底部直徑 5cm 小蛋糕紙模

材料

蛋糕體材料：雞蛋 4 顆、赤藻糖 50 克、無鹽奶油 30 克、
　　　　　　杏仁粉 100 克、香草精 3 克

鮮奶油材料：鮮奶油 150 克、赤藻糖 20 克

份量 6 個

作法：

1. 烤箱預熱 180℃，雞蛋、赤藻糖隔水加熱約 40℃ 左右打發至濃稠狀。

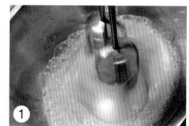

2. 杏仁粉分 2 次輕拌入蛋糊中，再加入香草精充分混合麵糊。

3. 加入融化的無鹽奶油，攪拌至溶合。

4. 將拌好的麵糊倒入蛋糕紙模中，敲幾下紙模，震出大氣泡。

5. 放至烤箱 180℃ 烘烤 15 分鐘後取出。

鮮奶油作法：

1. 鮮奶油、赤藻糖打發至倒不出盆。

2. 裝入擠花袋，隨意擠於蛋糕表面即完成。

貼 心 提 醒

1. 鮮奶油需含乳脂量 35% 以上才能打發。
2. 鮮奶油與赤藻糖的比例約為 10：1。
3. 鮮奶油勿過度打發，擠出的花才有光澤感。

澳門木糠抹茶蛋糕

慕斯加上木糠不甜不膩，好看又好吃

營養 成分表	醣	碳水化合物	膳食纖維	糖	蛋白質
	48.81 克	48.81 克	0 克	20.36 克	49.34 克

🌡 烤箱溫度：200℃　　⏱ 烘烤時間：10 分鐘

🏠 使用模具：透明玻璃杯

份量
1 個／2 人份

材料

木糠材料：赤藻糖 30 克、無鹽奶油 60 克、杏仁粉 150 克

慕斯材料：鮮奶油 400 克、奶油乳酪 60 克、赤藻糖 40 克、
　　　　　　抹茶粉 8 克

作法：

1 取一塑膠袋將木糠材料倒入，搓揉成麵團。

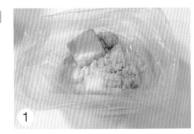

2 麵團壓成 0.5 公分厚度，放入烤箱烤至略為焦黃，取出後壓碎成顆粒狀放涼備用。

3 取慕斯材料的鮮奶油加赤藻糖打發。

4 奶油乳酪分 2 次拌入打發鮮奶油中攪拌，之後再加入抹茶粉拌勻，裝入擠花袋中。

5 取一個玻璃杯，重複填入作法2、4，一層木糠，一層慕斯糊，將容器填至8分滿即完成。 **TIPS** 木糠、慕斯糊厚度大約1公分左右。

貼 心 提 醒

1. 冷藏2小時後食用，3日內食畢。
2. 打發鮮奶油可加幾滴檸檬更容易打出漂亮的成果。
3. 可以分裝在小杯子中，讓更多人一起分享。

巧克力奶油霜杯子

濃醇的巧克力入口即化、微苦香甜

營養 成分表	醣	碳水化合物	膳食纖維	糖	蛋白質
	23.24 克	25.34 克	2.10 克	4.86 克	39.9 克

🌡 烤箱溫度：180℃　　　⏱ 烘烤時間：20 分鐘

🏠 使用模具：底部直徑 5cm 蛋糕紙杯

材料

蛋糕體材料：豆漿 60 克、萊姆酒 8 克、椰子油 30 克、杏仁粉 70 克、
　　　　　　　泡打粉 2.5 克、赤藻糖 30 克、雞蛋 2 顆、可可粉 15 克

巧克力奶霜：99% 苦甜巧克力 60 克、室溫無鹽奶油 60 克、
　　　　　　　赤藻糖 20 克

份量 6 個

蛋糕體作法：

1 烤箱預熱 180℃，杏仁粉、可可粉混合備用。

2 雞蛋加赤藻糖打發，膨脹 4 倍，呈淺白色即可。

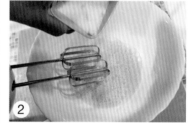

3 杏仁粉、可可粉、泡打粉過篩加入蛋糊中混勻。

4 依序加入豆漿、萊姆酒、椰子油，輕拌混合後，倒入蛋糕紙杯，放進烤箱 180℃烘烤 20 分鐘。

巧克力奶霜作法:

1. 苦甜巧克力、奶油隔水加熱至 60℃,加入赤藻糖離火攪拌均勻。

2. 冷卻後放入擠花袋,等待蛋糕放涼後,表層擠上奶油霜即完成。

貼心提醒

1. 苦甜巧克力勿加熱過度導致油水分離。
2. 必須等蛋糕涼再擠上奶油霜,形狀才會完整。
3. 全蛋打發需使用室溫雞蛋,天氣冷時可以隔水加熱到 30 ~ 40℃ 會更容易打發。
4. 粉料分兩次拌入蛋糊中,較不易消泡。

Chapter 4

暖心的派塔

只要備好基本塔皮、派皮,配上不一樣的內餡就能輕鬆完成。可甜可鹹,是充滿無限可能的點心,也是好吃美味的料理,就是塔、派、司康的魅力!

萬用塔皮製作

學會這個，就能變出多樣甜點

營養成分表	醣	碳水化合物	膳食纖維	糖	蛋白質
	28.61 克	28.61 克	0 克	7.46 克	38.57 克

🌡️ 烤箱溫度：180℃　　⏱️ 烘烤時間：10 分鐘

🍲 使用模具：活動不沾圓模

材料
雞蛋 1 顆、杏仁粉 150 克、無鹽奶油 30 克、赤藻糖 30 克、海鹽少許

份量 6 個

作法：

1 雞蛋與赤藻糖拌勻後，再加入杏仁粉拌勻。

2 加入融化奶油、海鹽，揉成麵團。

3 分 6 等份，壓入塔模中。

4 底部用叉子戳洞，送入烤箱 180℃ 烘烤 10 分鐘即完成。 TIPS

貼 心 提 醒

烤到邊邊上色即可。

6 吋派皮製作

香酥的派皮，與各種餡料都百搭

營養成分表	醣	碳水化合物	膳食纖維	糖	蛋白質
	25.12 克	25.12 克	0 克	6.79 克	34.53 克

份量 1 個

使用模具：6 吋活動派模

材料

蛋黃 1 顆、冷藏無鹽奶油 70 克

粉料： 杏仁粉 130 克、赤藻糖 10 克、海鹽 1 克

作法：

1 奶油捏成玉米粒狀，加入所有粉料，指腹搓成顆粒粉狀。

2 加入蛋黃，手搓成麵團。

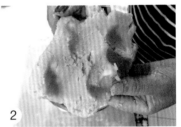

3 按壓入派模中，由邊繞圈填滿，表面用叉子插小洞備用。

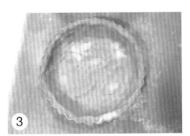

貼 心 提 醒

1. 避免手溫過高造成奶油融化，製作的派皮會不酥脆。
2. 可依不同食譜狀況，先烤熟派皮或同時與餡料一起烤。
3. 調整赤藻糖與海鹽的比例，可以做成甜派或鹹派。

6 吋餅皮製作

簡單方便，讓你創造無限變化

營養成分表	醣	碳水化合物	膳食纖維	糖	蛋白質
	14.58 克	14.58 克	0 克	4.0 克	22.52 克

烤箱溫度：180℃　　　　烘烤時間：15 分鐘

使用模具：6 吋圓型活動蛋糕模

材料

雞蛋 1 顆、無鹽奶油 30 克

粉料：杏仁粉 75 克、赤藻糖 15 克、海鹽少許

份量 1 個

作法：

1 奶油隔水融成液體。

2 倒入粉料以及雞蛋攪拌成麵團。

3 蛋糕模中放入烘焙紙，將麵團壓入蛋糕模中整平。放進烤箱 180℃ 烘烤 15 分鐘即完成。

貼 心 提 醒

1. 製作慕斯蛋糕，餅皮可以烤至金黃色的程度。
2. 如果後續還有餡料需要烤，餅皮只需烤到邊邊上色即可。

堅果塔

層次豐富，香氣濃郁，口感極佳！

營養成分表	醣	碳水化合物	膳食纖維	糖	蛋白質
	53.61 克	68.81 克	15.2 克	15.86 克	70.97 克

⌂ 使用模具：耐熱小烤杯

材料

塔皮：參考 86 頁塔皮製作

餡料：無鹽奶油 25 克、赤藻糖 25 克、吉利丁 10 克、堅果類 200 克（夏威夷豆、杏仁、核桃、南瓜子……皆可）

份量 12 個

作法：

1 奶油小火融化，加入堅果炒至香氣溢出熄火。

2 吉利丁泡冰水軟化，壓去多餘的水分，隔水加熱，加入赤藻糖攪拌到融化，熄火。

3 將炒過的堅果倒入吉利丁液鍋中混合。

4 塔皮內先擺入堅果仁後，再將吉利丁液由中心點倒至滿杯。

貼 心 提 醒

1. 用小杯裝就好，千萬不要做得跟蛋塔一樣大。
2. 完全放涼，再冷藏一夜更酥香好吃。

檸檬塔

酸甜內餡與酥脆塔皮的完美組合

營養成分表	醣	碳水化合物	膳食纖維	糖	蛋白質
	33.55 克	33.75 克	0.2 克	9.67 克	51.63 克

⌂ 使用模具：菊花瓣型塔模

材料

塔皮：參考 86 頁塔皮製作
飾頂：檸檬皮屑
餡料：雞蛋 2 顆、赤藻糖 80 克、檸檬 1 顆、無鹽奶油 50 克

份量 6 個

作法：

1. 磨下檸檬皮屑，擠出檸檬汁備用。

2. 雞蛋、檸檬汁、赤藻糖倒入鍋中混合。

3. 隔水加熱 60 ～ 70℃，不斷的輕拌，避免蛋液煮成塊狀，煮至濃稠狀離火，過篩。

4. 加入奶油塊攪拌混合，放至冷卻。

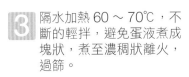

5. 倒入塔皮內，表面撒上檸檬皮屑，放入冷藏 4 小時即完成。

貼心提醒

1. 檸檬皮切記不要磨到白色部分，會有苦味。
2. 隔水煮檸檬蛋液時，火小時間長，慢慢攪拌到濃稠。
3. 酸甜度可依喜好調整。

葡式蛋塔

超簡單零失誤的美味甜點

營養成分表	醣	碳水化合物	膳食纖維	糖	蛋白質
	34.98 克	35.18 克	0.20 克	11.10 克	52.53 克

烤箱溫度：220℃　　　烘烤時間：25 分鐘

使用模具：底部直徑 4cm 耐烤杯

材料

份量 6 個

塔皮：參考 86 頁塔皮製作

餡料：雞蛋 2 顆、赤藻糖 40 克、香草精 3 克、鮮奶油 200 克

作法：

1　將所有餡料混合後過篩。

2　餡料倒入塔皮中，放入烤箱。220℃ 烘烤 25 分鐘即完成。

貼心提醒

塔皮不要烤太焦，因為還會烤第 2 次。

檸檬慕斯塔

好吃不甜膩，微酸的高級小甜點

營養 成分表	醣	碳水化合物	膳食纖維	糖	蛋白質
	38.10 克	39.50 克	1.4 克	12.44 克	50.80 克

□ 使用模具：鋁箔紙托（直徑 7.8cm、下圓 4.8cm）

材料

份量 8 個

塔皮：參考 86 頁塔皮製作

飾頂：檸檬皮屑、檸檬切片

餡料：奶油乳酪 100 克、鮮奶油 120 克、吉利丁 5 克、
赤藻糖 60 克、檸檬汁 50 克、檸檬皮屑少許

作法：

1　塔皮放在鋁箔紙托上。吉
利丁片泡冰水 5 分鐘，壓
去水分，隔水加熱至完全
融化。

2　奶油乳酪、鮮奶油、赤藻
糖，隔水加熱融化，離火
攪拌成絲滑狀。

3　加入檸檬汁，再加入吉利
丁液攪拌均勻。

4　加入檸檬皮屑混勻。

5　倒入塔皮中，冷藏 2 小時
後取出，表面撒上檸檬皮
屑飾頂。

貼心提醒

奶油乳酪加熱溫度切勿
過高導致油水分離。

法芙娜巧克力塔

大人的成熟味道，苦甜交加的經典美味

營養成分表	醣	碳水化合物	膳食纖維	糖	蛋白質
	41.94 克	41.94 克	0 克	12.39 克	59.45 克

🏠 **使用模具**：鋁箔紙托（直徑 7.8cm、下圓 4.8cm）

材料

塔皮：參考 86 頁塔皮製作

飾頂：花生粉

餡料：**99%** 苦甜巧克力 120 克、萊姆酒 10 克、鮮奶油 120 克、赤藻糖 30 克

作法：

1 塔皮放進鋁箔紙托中備用。取一鍋倒入鮮奶油、苦甜巧克力、赤藻糖加熱至 60℃ 熄火。

2 加入萊姆酒，攪拌成絲滑狀。倒入塔皮中，放入冷藏 2 小時凝固內餡，最後撒上花生粉飾頂即完成。

貼心提醒

1. 巧克力加熱避免過度高溫，會導致油水分離。
2. 甜度可自由增減。

牛肉菠菜鹹派

豐富的鐵質，健康又美味

營養成分表	醣	碳水化合物	膳食纖維	糖	蛋白質
	34.1 克	45.84 克	11.74 克	2.1 克	82.52 克

🌡 烤箱溫度：180℃   ⏱ 烘烤時間：30 ～ 35 分鐘

🍽 使用模具：6 吋派模

材料

份量 1 個

　派皮：參考 88 頁派皮製作

　奶油糊材料：雞蛋 2 顆、鮮奶油 120 克、奶油乳酪 80 克

　飾頂：帕瑪森起司絲適量

　餡料：菠菜 100 克、胡椒粉 3 克、牛肉 100 克、大蒜 5 粒、醬油 15 克

作法：

1　菠菜切段、牛肉切條狀、大蒜拍碎，鍋內加少許油放入蒜頭爆香，加入牛肉翻炒，加醬油、胡椒粉炒熟起鍋。

2　鍋內加些許水，放入菠菜炒熟備用。

3　鮮奶油與奶油乳酪，隔水加熱融化。

4　冷卻後加入雞蛋，拌勻成奶油糊。

5　炒熟牛肉置於派皮中心，菠菜圍著邊擺放。

6　倒入奶油糊約 9 分滿，表面鋪滿起司絲，放入烤箱 180℃ 烘烤 30 ～ 35 分鐘即完成。

水果卡士達塔

挑選你愛吃的水果，做一個色彩繽紛的甜點

營養 成分表	醣	碳水化合物	膳食纖維	糖	蛋白質
	50.62 克	50.62 克	0 克	14.73 克	81.30 克

使用模具：菊花瓣型塔模 底部直徑 7cm、高 2.5cm

材料

塔皮：參考 86 頁塔皮製作

飾頂：赤藻糖粉適量

餡料：雞蛋 2 顆、杏仁粉 45 克、吉利丁 6 克、鮮奶油 100 克、
無鹽奶油 20 克、赤藻糖 45 克、水果適量

份量 6 個

作法：

1 塔皮放進塔模備用。吉利
丁隔水融化。TIPS 吉利丁
可用片或粉。

2 雞蛋加赤藻糖打發至有紋
路（淺白色），加入杏仁
粉攪拌。

3 鮮奶油加熱至 60℃ 鍋邊
起泡即可，趁熱快速倒入
蛋黃糊中攪拌均勻。TIPS
鮮奶油溫度勿過高避免燙熟
蛋黃。

4 加入吉利丁液混合拌勻。

5 加入奶油後繼續攪拌完
成，過篩後裝入擠花袋，
冷藏 4 小時。

6 繞圈擠入塔皮約 9 分滿，
鋪上水果丁。食用前撒上
一層赤藻糖粉，會更加美
味。TIPS 水果可替換成藍
莓、草莓、奇異果或火龍果
口味。

洋蔥培根起司鹹派

鹹香餡料與滑嫩蛋香的完美結合

營養成分表	醣	碳水化合物	膳食纖維	糖	蛋白質
	53.70 克	58.40 克	4.70 克	22.81 克	73.38 克

烤箱溫度：180℃　　　烘烤時間：30～35分鐘

使用模具：6吋派模

材料

派皮： 參考88頁派皮製作（6吋派皮無需烤過）

奶油糊材料： 雞蛋2顆、鮮奶油120克、奶油乳酪80克

飾頂： 帕瑪森起司絲適量

餡料： 培根100克、胡椒粉2克、洋蔥100克、彩椒50克、鹽2克

份量 1 個

作法：

1　培根切碎、洋蔥切碎、彩椒切丁備用。 **TIPS** 培根可自行替換成喜歡的肉類。

2　先將培根炒香，再放入洋蔥、彩椒，加入胡椒、鹽調味，炒熟備用。

3　鮮奶油與奶油乳酪，隔水加熱融化。

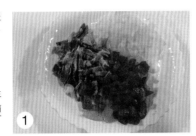

4　冷卻後加入雞蛋，拌勻成奶油糊。

5　培根肉填入派皮，表面撒上帕瑪森起司絲。

6　倒入奶油糊約9分滿，放入烤箱180℃烘烤30～35分鐘即完成。

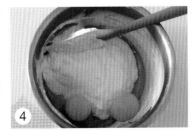

英式藍莓司康

外部酥鬆，內部柔軟的英式點心

營養成分表	醣	碳水化合物	膳食纖維	糖	蛋白質
	56.76 克	62.76 克	6.00 克	21.56 克	50.71 克

烤箱溫度：180℃　　烘烤時間：20 分鐘

份量 1 個

材料

雞蛋 1 顆、鮮奶油 50 克、無鹽奶油 70 克、藍莓 100 克

粉料：杏仁粉 200 克、赤藻糖 40 克、泡打粉 7 克、鹽 1 克

作法：

1 將粉料混合拌勻。將雞蛋的蛋黃與蛋白分開，蛋白拌入粉料中，蛋黃備用，奶油切丁。

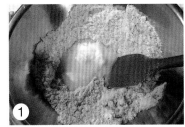

2 奶油丁與粉料用指腹搓成顆粒狀。TIPS 預留一些麵粉顆粒裝飾表層用。

3 加入鮮奶油，揉成麵團。

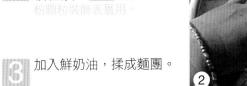

4 麵團分 2 等份，揉成圓形後壓扁成約 1 公分厚麵皮，鋪滿藍莓。

5 再覆蓋一層麵皮，表面塗抹蛋液，鋪上藍莓，放入冷藏 1 小時後取出。

6 將預留的麵粉顆粒，撒於表面。

7 切成 8 份，放入烤盤，送進烤箱 180℃ 烘烤 20 分鐘即完成。TIPS 放入烤盤時記得麵團間要留縫隙避免膨脹沾黏。

貼 心 提 醒

1. 冷凍藍莓也可以。
2. 記得顧爐避免烤焦。
3. 避免手溫太高融化奶油，無法做成顆粒狀麵粉。
4. 顆粒狀麵團就是奶酥做法。

青蔥培根司康

介於麵包與餅乾之間的點心，鹹香可口

營養 成分表	醣	碳水化合物	膳食纖維	糖	蛋白質
	49.98 克	52.58 克	2.60 克	13.77 克	63.62 克

烤箱溫度：200℃　　　　　烘烤時間：20分鐘

材料

蛋黃 1 顆、鮮奶油 50 克、無鹽奶油 50 克、培根 3 片、青蔥 3 根
粉料：杏仁粉 200 克、泡打粉 6 克、蒜香香料粉適量

份量 1 個

作法：

1 先將奶油融化、青蔥切碎備用。培根切碎，用平底鍋炒熟備用。

2 粉料混合拌勻。

3 鮮奶油、青蔥拌入粉料先行拌勻。

4 炒好的培根再加入作法 3 拌勻揉成麵團，用保鮮膜塑成長條狀約 3 公分厚，放入冷凍 1 小時。

5 取出切成 6 等份，表面塗上一層蛋黃液。

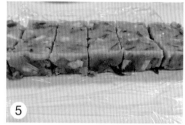

6 放入烤箱 200℃ 烘烤 20
分鐘即完成。

貼 心 提 醒

1. 培根可替換成火腿、鹹豬肉、香腸。
2. 蛋黃液塗勻塗滿，烤出來的色澤更美。
3. 一定要冷藏後再烘烤才會外酥內鬆軟。
4. 培根炒出的油質可以拌入材料中，香氣十足。

Chapter 5

能量滿滿的
蛋糕卷ＶＳ麵包

香氣濃厚的美味吐司，或是鬆軟綿密的蛋糕卷，不管做成甜食或鹹食都很可口，想吃的時候一片一片切下來，馬上就能享受的幸福美味。

超濃起司麵包

麵包 Q 彈香軟，起司香氣濃郁

營養成分表	醣	碳水化合物	膳食纖維	糖	蛋白質
	18.72 克	76.62 克	57.90 克	6.93 克	62.32 克

🔧 烤箱溫度：200℃　　　⏱ 烘烤時間：30 分鐘

🍞 使用模具：12 兩吐司模

材料

粉料： 杏仁粉 120 克、無鋁泡打粉 8 克、洋車前子粉 50 克、海鹽 2 克、赤藻糖 35 克

濕料： 奶油乳酪 120 克、椰子油 80 克、雞蛋 3 顆

飾頂： 莫札瑞拉起司適量

份量 8 片

作法：

1 分別將所有粉料、濕料混合拌勻。

2 濕料分 3 次倒入混拌好的粉料攪拌均勻。

3 濕料與粉料完全拌勻成麵團後，填入鋪上烘焙紙的烤模。靜置 10 分鐘，等泡打粉與洋車前子粉產生作用。

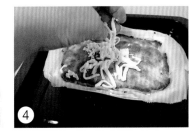

4 放入烤箱 200℃ 烘烤 20 分鐘後取出，鋪滿莫札瑞拉起司絲，再放回烤箱烤 10 分鐘即完成。

貼心提醒

1. 隔夜或冷藏過，可利用電鍋蒸熟加熱，口感更濕潤好吃。
2. 也可將莫札瑞拉起司切碎拌入麵糊中製成。

蒜香起司麵包

蒜香與起司完美搭配，是最強的黃金組合

營養 成分表	醣	碳水化合物	膳食纖維	糖	蛋白質
	0.15 克	87.15 克	87.00 克	8.59 克	88.77 克

🖋 烤箱溫度：180℃　　⏱ 烘烤時間：20 分鐘

📦 使用模具：12 兩鋁箔模

材料

　粉料：莫札瑞拉起司 150 克、亞麻仁籽粉 80 克、泡打粉 8 克、
　　　　洋車前子粉 20 克、椰子細粉 60 克、赤藻糖 20 克

　濕料：奶油 30 克、蒜香起司粉 50 克、雞蛋 4 顆

份量 8 片

作法：

1　先將粉料、濕料分別混合拌勻，再將粉料加入濕料中，混合攪拌成麵團。

2　將麵團倒入烤模中，靜置 10 分鐘，等車前子粉與泡打粉產生作用，再放入烤箱。180℃ 烘烤 20 分鐘即完成。

貼 心 提 醒

表面上色可降低溫度為 150℃。

抹茶磅蛋糕

抹茶控必學，香氣濃厚的高雅甜點

營養成分表	醣	碳水化合物	膳食纖維	糖	蛋白質
	25.84 克	46.54 克	20.70 克	10.50 克	52.51 克

🌡️ 烤箱溫度：170℃　　⏱️ 烘烤時間：35 分鐘

🏠 使用模具：12 兩吐司模

材料

杏仁粉 180 克、室溫無鹽奶油 100 克、抹茶粉 10 克、
赤藻糖 100 克、雞蛋 2 顆、泡打粉 8 克

飾頂：夏威夷豆

份量 10 片

作法：

1. 室溫奶油打發至呈現蓬鬆的羽毛狀態。

2. 加入赤藻糖粉，打勻至有滑順感即可。

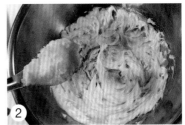

3. 雞蛋分 2 次加入奶油糊中攪拌。

4. 杏仁粉、抹茶粉、泡打粉過篩混合，與奶油糊混合攪拌成麵糊。

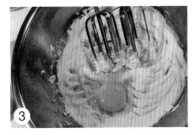

5. 倒入烤模，整平，表面點綴些許夏威夷豆。送進烤箱 170℃ 烘烤 35 分鐘後即完成。

貼心提醒

1. 任何烤模皆可鋪上烘焙紙，以便脫模。
2. 雞蛋一定要室溫雞蛋，避免混入時造成奶油結塊。

黃金亞麻仁吐司條

不只健康營養，口感也是一流的

營養 成分表	醣	碳水化合物	膳食纖維	糖	蛋白質
	13.18 克	106.28 克	93.10 克	20.07 克	109.92 克

🥄 **烤箱溫度**：180℃　　　　⏱ **烘烤時間**：45 分鐘

🏠 **使用模具**：12 兩吐司模（可做 2 條）

材料

粉料：杏仁粉 120 克、泡打粉 15 克、赤藻糖 30 克、椰子粉 80 克、
黑芝麻粉 60 克、黃金亞麻仁籽粉 60 克、洋車前子粉 30 克

濕料：鮮奶油 200 克、奶油乳酪 200 克、椰子油 50 克、雞蛋 5 顆

飾頂：黑芝麻粉

> **份量**
> 2 條 16 片

作法：

1 備齊所需材料，濕料、粉料分別混合拌勻、雞蛋也先打好。

2 將雞蛋分次拌入奶油乳酪糊中。

3 將拌勻的粉料分次拌入乳酪糊中完全拌勻。

4 倒入烤模中，撒上黑芝麻粉，放進烤箱，180℃ 烘烤 45 分鐘即完成。

貼 心 提 醒

1. 以上材料可做 2 條，也可減半做 1 條，烘烤時間改成 25 分鐘即可。
2. 吐司取出烤箱冷卻後再脫模。

巧克力蒲瓜吐司

滿足甜食慾，還能補充多種營養

營養成分表	醣	碳水化合物	膳食纖維	糖	蛋白質
	11.36 克	74.46 克	63.10 克	11.85 克	61.67 克

🥄 烤箱溫度：180℃　　⏱ 烘烤時間：40 分鐘

🏠 使用模具：12 兩吐司模

材料

濕料：蒲瓜 200 克、椰子油 50 克、雞蛋 4 顆

粉料：杏仁粉 150 克、泡打粉 8 克、海鹽少許、可可粉 20 克、赤藻糖 30 克、洋車前子粉 30 克、椰子細粉 50 克

份量 8 片

作法：

1　烤箱預熱 180℃，蒲瓜洗淨後免削皮，用調理機打碎，加入椰子油、雞蛋一起打勻。

2　所有粉料充份混合拌勻。

3　粉料分次混入濕料中拌勻成麵糊狀。

4　倒入烤模中，輕敲 2 下烤模震出空氣。

5　放入烤箱後以 180℃ 烘烤30 分鐘，轉 150℃ 再烤10 分鐘即完成。

貼心提醒

1. 季節性可替換櫛瓜或佛手瓜。
2. 烤模鋪上烘焙紙，較好脫模。

平底鍋香蔥肉鬆卷

又香又美味，台式麵包的經典不敗款

營養 成分表	醣	碳水化合物	膳食纖維	糖	蛋白質
	30.43 克	40.93 克	10.50 克	5.59 克	51.09 克

份量 1 條

🍳 使用工具：平底鍋

材料

杏仁粉 40 克、橄欖油 20 克、鮮奶油 20 克、赤藻糖 30 克、
肉鬆 50 克、泡打粉 3 克、沙拉醬適量、雞蛋 2 顆、青蔥 2 支

作法：

1 先將蛋白、蛋黃分開，赤藻糖與蛋白打發備用，青蔥切碎備用。

2 杏仁粉、蛋黃、橄欖油、鮮奶油充份混合拌勻，加入泡打粉拌勻。

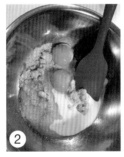

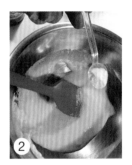

3 打發的蛋白分 2 次拌入麵糊中。

4 平底鍋鋪上烘焙紙，開文火，先撒上蔥花，再撒上約 10 克的肉鬆。

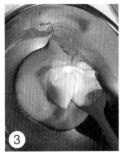
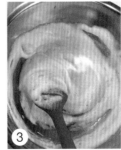

5 將麵糊倒入鍋中，整平，蓋上鍋蓋燜 5 分鐘。
TIPS 底部上色即可熄火。

  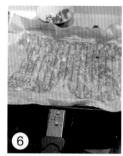

6 麵糊表面再蓋上一張烘焙紙後，翻面再烤 3～5 分鐘左右。

7 關掉爐火移出平底鍋放涼後，撕掉烘焙紙，餅皮用刀輕劃幾刀。 TIPS 烘焙紙2 面都要撕開，避免捲起時不好脫紙。

8 餅皮抹上一層沙拉醬，鋪滿肉鬆。

9 直接用底層烘焙紙捲起，放入冷藏 1 小時定型後即完成。

 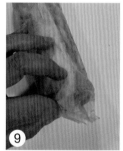

貼心提醒

1. 喜歡沙拉醬多些可以先拌入肉鬆，抹上餅皮後再捲起。
2. 蛋白可加點醋或塔塔粉有助打發。

平底鍋抹茶毛巾卷

又美又好吃，甜而不膩的網紅甜點

營養成分表	醣	碳水化合物	膳食纖維	糖	蛋白質
	21.92 克	33.42 克	11.50 克	13.04 克	45.96 克

使用工具：平底鍋

材料

外皮： 杏仁粉 100 克、橄欖油 50 克、鮮奶油 50 克、抹茶粉 10 克、
赤藻糖 50 克、雞蛋 3 顆

內餡： 鮮奶油 200 克、赤藻糖 20 克、海鹽少許

份量 1 條

作法：

1 內餡的鮮奶油、赤藻糖、海鹽打發備用。雞蛋與橄欖油混合。

2 加入杏仁粉、赤藻糖，再加入抹茶粉、倒入鮮奶油充份混合拌勻。

3 拌好的麵糊過篩，去掉粗粉粒。

4 取平底鍋，開小火，鍋面塗抹奶油。

5 舀一瓢抹茶糊於鍋中，輕輕轉動至四周，表面起泡即可熄火，餅皮在鍋內煨一下，再倒出盤中盛放。

6 桌面鋪上保鮮膜，餅皮
三分處重疊，抹上打發
鮮奶油當內餡，兩側小
圓邊不要塗，收起兩側
餅皮。 TIPS 桌面保鮮膜
可替換成烘焙紙或白報紙。

6

6

7 由一邊順利捲起，再用
保鮮膜包覆，放置冷藏
4 小時定型。

7

8 食用前撒上抹茶粉就完
成了。

8

貼心提醒

1. 餅皮要完全冷卻才可塗鮮奶油。
2. 抹奶油時兩邊少些較好捲。

鮮奶油生乳卷

絲滑的內餡，綿密的滋味超級療癒人心

營養 成分表	醣	碳水化合物	膳食纖維	糖	蛋白質
	26.7 克	26.7 克	0 克	12.71 克	45.44 克

🔧 烤箱溫度：180℃　　　⏱ 烘烤時間：12 分鐘

🏠 使用模具：24 公分 x 28 公分烤盤

材料

蛋糕體：杏仁粉 80 克、橄欖油 30 克、優格 50 克、泡打粉 3 克、
　　　　　赤藻糖 40 克、雞蛋 3 顆、香草精 3 克

內餡：鮮奶油 200 克、赤藻糖 20 克

份量 1 條

作法：

1 所有粉料過篩，蛋白、蛋黃分離備用，將烤箱預熱 180℃。

2 香草精、優格、橄欖油、蛋黃混合拌勻。

3 赤藻糖、杏仁粉、泡打粉過篩後拌入作法 2，拌成麵糊。

4 蛋白打發，分 3 次拌入麵糊中。

5 烤盤上鋪白報紙，倒入麵糊抹平，放進烤箱 180℃烘烤 12 分鐘。內餡用的鮮奶油跟赤藻糖打發，冷藏備用。TIPS 鮮奶油打至 6 分發即可。

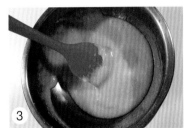

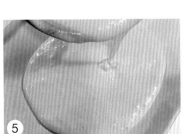

6 蛋糕取出烤箱後，表面覆蓋上烘焙紙，放涼保持濕潤度。

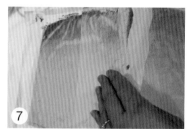

7 撕除表層的白報紙，舀入打發的鮮奶霜，中心點略高，左右各留1公分，方便捲起。

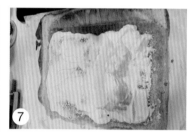

8 捲起後用底層白報紙包覆，兩端內折，放置冷藏4小時定型即完成。

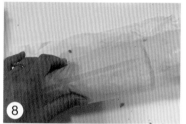

貼心提醒

1. 建議將底層白報紙先撕下避免捲起沾粘紙張。
2. 鮮奶油必需冷藏低溫才能打發。

酪梨花生吐司條

酪梨滑順口感藏在吐司裡，活力滿點

營養 成分表	醣	碳水化合物	膳食纖維	糖	蛋白質
	38.01 克	61.61 克	23.6 克	12.03 克	78.69 克

烤箱溫度：170℃　　烘烤時間：30 ～ 35 分鐘

使用模具：12 兩吐司模

材料

酪梨 150 克、鮮奶油 100 克、無調味花生醬 70 克、雞蛋 3 顆、
海鹽少許

粉料： 杏仁粉 80 克、泡打粉 6 克、亞麻仁籽粉 50 克

飾頂： 杏仁片適量

份量 8 片

作法：

1 所有粉料混合拌勻。

2 酪梨與花生醬攪拌成泥狀，加少許海鹽。TIPS 花生醬若是鹹味的，就不要加鹽。

3 將蛋白、蛋黃分離，蛋白打發，蛋黃拌勻。

4 將蛋黃拌入酪梨泥中攪拌拌勻。

5 將粉料、酪梨泥、鮮奶油倒入鍋中混合成糊。

6　將蛋白分 2 次輕拌入麵
糊中。

6

7

7　麵團倒入烤模中整平，
放入烤箱，表面鋪上杏
仁碎片。將烤模放進烤
箱 170℃ 烘烤 30 ～ 35
分鐘即完成。

7

貼 心 提 醒

1. 酪梨不要選過熟的會有苦味。
2. 花生醬替換成 2 顆鹹蛋，也很好吃喔！
3. 花生醬若是鹹口味就不要再加海鹽。

Chapter 6

人氣最夯的鹹甜蛋糕

海綿、戚風還有克拉芙提，鹹的、甜的不同口感，不同味道，但都能
滿足你的味蕾，讓你享受幸福滋味！無論是要幫親朋好友過生日，或
是純粹犒賞自己，都是最佳選擇！

拿鐵慕斯蛋糕

濃郁的咖啡香配上冰涼慕斯，令人回味無窮

營養 成分表	醣	碳水化合物	膳食纖維	糖	蛋白質
	18.02 克	26.62 克	8.60 克	8.64 克	43.53 克

使用模具：6吋不沾圓型蛋糕模

材料

奶油乳酪 280 克、吉利丁 10 克、即溶黑咖啡 8 克、赤藻糖 80 克、
鮮奶油 150 克

份量 1 個

作法：

1 蛋糕底請參考 90 頁餅皮
做法，餅皮烤熟透些。

2 將奶油乳酪、鮮奶油、赤
藻糖混合，隔水加熱，攪
拌至絲滑感離火。

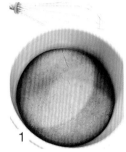

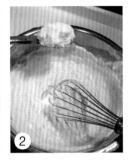

3 吉利丁片泡冰水 5 分鐘軟
化，取出後隔水加熱，化
成水。

4 用 50cc 開水沖泡即溶咖
啡，吉利丁與咖啡液加入
慕斯泥中攪拌均勻。

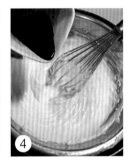

5 倒入烤好的餅皮內，輕震
幾下，排出大氣泡，冰箱
冷藏 4 小時。

6 脫模時，用溫毛巾順著烤
模外圍擦拭，取下即可。

貼 心 提 醒

1. 冷藏時間須足夠才能順利脫模。
2. 奶油乳酪勿過度加熱易造成油水分離產生顆粒感。

香草天使蛋糕

鬆軟細緻富彈性，大人小孩都愛吃

營養 成分表	醣	碳水化合物	膳食纖維	糖	蛋白質
	15.58 克	15.88 克	0.30 克	4.37 克	31.66 克

🥄 烤箱溫度：160℃　　　⏱ 烘烤時間：35 分鐘

🍲 使用模具：6 吋蛋糕模

材料

┃ 杏仁粉 70 克、蘋果醋 5 克、豆漿 80 克、椰子油 30 克、
┃ 香草精適量、赤藻糖 40 克、蛋白 4 顆

份量 1 個

作法：

1 烤箱預熱 160℃。將杏仁粉、椰子油、香草精、豆漿、赤藻糖粉混合拌勻。

 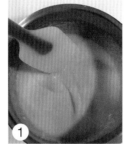 

2 蛋白加入蘋果醋打至彎勾狀濕性打發。

3 蛋白分 3 次使用切半法，拌入麵糊中。

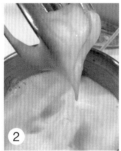  

4 模具先塗抹上奶油，再倒入麵糊，用刮刀輕攪出大氣泡。

5 放入烤箱，取出後蛋糕體倒扣放涼。

貼心提醒

1. 蛋白要新鮮冷藏才易於打發。
2. 蛋白不可打過頭，口感會不佳。

檸檬戚風蛋糕

蓬鬆的口感，微酸的味道，清香又爽口

營養 成分表	醣	碳水化合物	膳食纖維	糖	蛋白質
	13.09 克	13.09 克	0 克	3.22 克	14.98 克

🥄 烤箱溫度：170℃　　　　⏱ 烘烤時間：45 分鐘

🍱 使用模具：6 吋圓型蛋糕模

材料

杏仁粉 80 克、鮮奶油 60 克、檸檬汁 10 克、椰子油 40 克、海鹽少許、赤藻糖 60 克、雞蛋 3 顆

份量 1 個

作法：

1 烤箱預熱 170℃，杏仁粉過篩備用。

2 將蛋黃與蛋白分開。

3 再將蛋黃、鮮奶油、赤藻糖、椰子油混合均勻，加入杏仁粉、海鹽拌勻。

4 檸檬汁、蛋白打發至濕性彎勾狀。

5 蛋白分 3 次與麵糊混合。

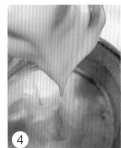

6 倒入模具中，輕叩幾下，震出大氣泡。

7 放入烤箱 170℃ 烘烤 45 分鐘，取出後倒扣防止蛋糕回縮，放涼即可食用。

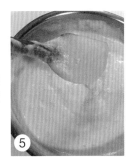

貼 心 提 醒

1. 檸檬汁可換成 2 克塔塔粉，蛋糕的膨脹度會更佳。
2. 適合做生日蛋糕的蛋糕體。

重乳酪起司蛋糕

濃郁綿密的口感，一入口就香氣四溢

營養成分表	醣	碳水化合物	膳食纖維	糖	蛋白質
	12.24 克	12.84 克	0.60 克	5.23 克	37.32 克

🥄 烤箱溫度：水溶法 180℃　　⏱ 烘烤時間：50 ～ 60 分鐘

🍱 使用模具：6 吋圓形不沾模

材料

奶油乳酪 250 克、雞蛋 2 顆、鮮奶油 120 克、檸檬汁 1 ／ 2 顆量、
赤藻糖 60 克

份量 1 個

作法：

1 烤箱預熱 180℃，蛋糕底部作法請參考 90 頁餅皮製作，烘烤 8 分鐘。TIPS 餅皮稍烤一下即可。

2 奶油乳酪室溫軟化，加入鮮奶油、赤藻糖以及檸檬汁，攪拌成絲滑糊狀。

3 將雞蛋分 2 次加入乳酪糊中，混合拌勻。

4 倒入模具中輕輕震勻。

5 烤盤注入 1 ／ 2 滿熱水，再將裝滿麵糊的模具放置烤盤上 180℃ 烘烤 50 ～ 60 分鐘。取出後待完全冷卻脫模即完成。

貼 心 提 醒

1. 冷藏後食用更綿密細緻好吃。
2. 表面上色可蓋上一層鋁箔紙防過度上色。

巧克力布朗尼

濕潤又鬆軟的口感，濃郁不膩口

營養成分表	醣	碳水化合物	膳食纖維	糖	蛋白質
	38.41 克	56.61 克	18.20 克	11.43 克	92.82 克

🥄 烤箱溫度：170℃   ⏱ 烘烤時間：30 分鐘

🍱 使用模具：6 吋圓形派模

材料

份量 2 個

雞蛋 3 顆、無鹽奶油 80 克、99% 苦甜巧克力 250 克、
赤藻糖 30 克、杏仁粉 100 克、杏仁或核桃碎片 100 克、
泡打粉 5 克、萊姆酒 12 克

飾頂：杏仁或核桃適量

作法：

1 奶油、苦甜巧克力，隔水加熱至 70℃，熄火，攪拌成巧克力糊。

2 加入赤藻糖充分攪拌到糖溶解，再加入杏仁粉、雞蛋、泡打粉，拌勻。

3 最後倒入萊姆酒、堅果碎片，混合攪拌（攪動會有一點韌性）。

4 模具抹一層奶油或鋪烘焙紙，將巧克力糊倒入模具中。 TIPS 大約 3 公分厚度最佳。

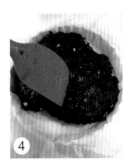

5 表層點綴核桃或杏仁顆粒，放入烤箱 170℃ 烘烤 30 分鐘即完成。

貼 心 提 醒

1. 一鍋到底的簡單做法，內濕外酥。
2. 巧克力避免加熱過度，導致油水分離。
3. 烘烤過程中會出油屬正常現象。

海鹽奶蓋蛋糕

濃醇的奶蓋加上 Q 彈的蛋糕，讓你震撼的滋味

營養成分表	醣	碳水化合物	膳食纖維	糖	蛋白質
	16.25 克	16.25 克	0 克	4.05 克	13.61 克

材料

奶油乳酪 120 克、優格或鮮奶油 50 克、海鹽 2 克、赤藻糖 10 克

份量 1 個

飾頂：烤熟杏仁片適量

蛋糕體：請參考 144 頁的檸檬戚風蛋糕（省略檸檬汁）

作法：

1 蛋糕體請參考 144 頁的檸檬戚風蛋糕。

2 將以上材料隔水加熱融化拌勻。

3 裝入擠花袋，稍放涼些。

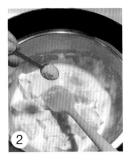

4 由蛋糕體表面中心點擠出，用刮刀向外推開，呈自然流下的狀態。

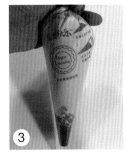

5 放置冷藏 2 小時以上，取出食用前鋪蓋一層杏仁片即完成。

貼心提醒

1. 蛋糕體必須完全冷卻才能使用。
2. 冷藏後風味更佳喔！

大同電鍋旗魚鬆鹹蛋糕

古早味蛋糕，鹹鹹甜甜的傳統美味

營養 成分表	醣	碳水化合物	膳食纖維	糖	蛋白質
	28.39 克	48.29 克	19.90 克	12.52 克	68.69 克

使用模具：電鍋、6吋蛋糕模

材料

杏仁粉 150 克、旗魚鬆 30 克、鮮奶油 120 克、玫瑰鹽 2 克、
赤藻糖 20 克、雞蛋 4 顆、油蔥 10 克

份量 1 個

作法：

1. 電鍋外鍋加一杯水，按下煮飯鍵。取出杏仁粉過篩備用。

2. 蛋黃、蛋白分開，蛋白與赤藻糖粉混合打發。

3. 將鮮奶油、玫瑰鹽、杏仁粉、油蔥與蛋黃混合後，分成 2 次拌入打發蛋白中拌勻。

 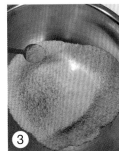 

4. 取一鍋，鋪上烘焙紙，倒入 1／2 麵糊，再將旗魚鬆放入上面，再倒入剩餘麵糊，震出大氣泡。

5. 放進電鍋，待跳起即可取出食用。

貼 心 提 醒

1. 旗魚鬆可增減或替換成肉鬆。
2. 打發蛋白的器皿不可有油水。
3. 也可以使用電子鍋，跳起時即可取出。

鹹蛋黃克拉芙提

柔軟的口感，濃郁且富有層次

營養 成分表	醣	碳水化合物	膳食纖維	糖	蛋白質
	37.25 克	37.25 克	0 克	19.83 克	57.64 克

🥄 烤箱溫度：180℃　　🕐 烘烤時間：30 分鐘

🗄 使用模具：6 吋蛋糕模

份量 1 個

材料

| 杏仁粉 120 克、鹹蛋黃 2 顆、鮮奶油 200 克、無鹽奶油 20 克、
| 赤藻糖 30 克、雞蛋 2 顆

作法：

1 鹹蛋黃 1 顆切碎，另 1 顆壓泥。

2 其餘材料充分攪拌後，拌入鹹蛋泥。

3 倒入模具中，再將鹹蛋黃碎片鋪面。

4 放入烤箱 180℃ 烘烤 30 分鐘即完成。

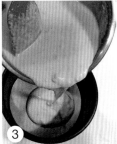

貼 心 提 醒

1. 熱熱的吃像蛋糕，冰涼著吃像布丁。
2. 零技巧的一道甜點。
3. 喜好鹹味重些可加入鹹蛋白。

海綿蛋糕

濃濃的蛋香，最簡單純粹的經典蛋糕

營養成分表	醣	碳水化合物	膳食纖維	糖	蛋白質
	17.32 克	17.32 克	0 克	6.04 克	42.80 克

🥄 烤箱溫度：170℃　　　⏱ 烘烤時間：40 分鐘

🗄 使用模具：6 吋圓型活動蛋糕模

份量 1 個

材料

杏仁粉 80 克、椰子油 25 克、海鹽少許、赤藻糖 80 克、
鮮奶油 25 克、室溫雞蛋 4 顆

作法：

1 烤箱預熱 170℃，杏仁粉過篩備用。

2 海鹽、赤藻糖、雞蛋用高速打發至緩慢流下的狀態。 TIPS 冬天全蛋不易打發可隔水加熱至 40℃ 打發。

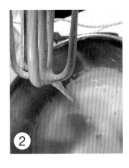

3 加入杏仁粉分 3 次加入輕拌混合。 TIPS 輕拌是為了避免消泡。

4 再加入鮮奶油以及椰子油拌勻。

5 以繞圈方式倒入烤模，輕震烤模排出大氣泡。

6 放入烤箱 170℃ 烘烤 40 分鐘。

7 取出後倒扣，防止蛋糕體回縮，放涼後即可脫模。 TIPS 手掌輕壓烤模內緣一圈，較易脫模。

老奶奶檸檬蛋糕

酸甜的檸檬糖霜，讓人一吃就愛上

營養 成分表	醣	碳水化合物	膳食纖維	糖	蛋白質
	33.96 克	35.06 克	1.10 克	10.43 克	67.23 克

🥄 **烤箱溫度**：175℃　　⏱ **烘烤時間**：30～35 分鐘

🏠 **使用模具**：6 吋不沾蛋糕模

材料

蛋糕體：杏仁粉 150 克、無鹽奶油 100 克、檸檬汁 20 克、
　　　　赤藻糖 90 克、雞蛋 5 顆、檸檬皮屑少許

糖霜：檸檬汁 20 克、赤藻糖 50 克、檸檬皮屑少許、
　　　奶油乳酪 30 克

份量 1 個

蛋糕體作法：

1 烤箱預熱 170℃，雞蛋、糖打發至有明顯紋路呈淺白色，奶油隔水融化。

2 杏仁粉過篩，融化奶油、杏仁粉、檸檬汁、檸檬皮屑充分攪拌完成。

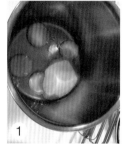

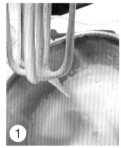

3 雞蛋糊與麵糊混合，以繞圈方式倒入模具中，放入烤箱中 175℃烘烤 30～35 分鐘。

4 取出後放涼備用。 TIPS

檸檬糖霜作法：

1 將糖霜材料隔水加熱，約 60℃離火持續攪拌到濃稠狀，放置降溫至微涼。

2 以蛋糕中心點倒下輕刮向外圍推出，沿四周流下。表面撒上檸檬皮屑，放入冷藏 2 小時左右，讓糖霜凝固，即可食用。

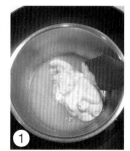

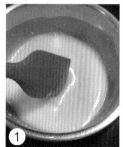

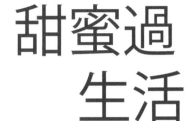

甜蜜過生活

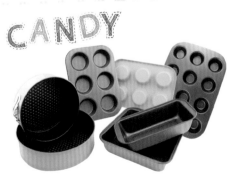

47 種美味蛋糕

作者：賴曉梅、鄭羽真
攝影：楊志雄
定價：380 元

「好想吃沒有鮮奶油的蛋糕。」吃完蛋糕，總是留下一團奶油的你；為了健康又想品嘗蛋糕的你；或是單純不愛吃乳製品的你，甜點達人不藏私與你分享。

麵包製作基本功

作者：鄭惠文、許正忠
攝影：楊志雄
定價：380 元

秤重、揉麵團→基本發酵→分割、滾圓→中間發酵→整形、包餡→最後發酵→裝飾→烘焙、冷卻。老師帶您輕鬆進入手揉麵包的世界，體會與人分享的愉悅。

20 種抹醬創造出來的美味三明治

作者：陳鏡謙
攝影：楊志雄
定價：395 元

本書提供 50 種三明治的食譜及基本作法，並在準備篇中推薦 20 款適合搭配三明治的醬料與作法。

舞麥！麵包師的 12 堂課（熱銷放大版）

作者：張源銘（舞麥者）
攝影：楊志雄
定價：300 元

一場尋找自然原味的旅程，12 堂製作健康麵包的必修課。教你從養酵母開始、親手烘焙，自己做無化學添加，最天然的麵包。

烘焙餐桌：麵包機輕鬆做 × 天然酵母麵包 × 地中海健康料理

作者：金采泳
翻譯：王品涵
定價：420 元

用麵包機做天然酵母麵包，搭配清爽零負擔的地中海健康料理，把健康好吃端上桌。

60 位法國甜點大師的招牌甜點：一次學會法國最具代表性甜點大師的拿手絕活，帶您一窺法國甜點的魅力

作者：拉斐爾 ・ 馬夏爾
譯者：張婷
定價：480 元

法國烘焙名店的招牌甜點，法國烘焙大師最引以為傲的烘焙之作。

小烤箱的
低醣低碳甜點

餅乾 x 派塔 x 吐司 x 蛋糕　新手必備的第一本書

作　　者	陳裕智	總 代 理	三友圖書有限公司
步驟攝影	陳裕智	地　　址	106 台北市安和路 2 段 213 號 4 樓
攝　　影	楊志雄	電　　話	(02) 2377-4155
編　　輯	鍾宜芳	傳　　真	(02) 2377-4355
校　　對	鍾宜芳、陳裕智	E - m a i l	service@sanyau.com.tw
美術設計	劉庭安	郵政劃撥	05844889 三友圖書有限公司
發 行 人	程安琪	總 經 銷	大和書報圖書股份有限公司
總 策 劃	程顯灝	地　　址	新北市新莊區五工五路 2 號
總 編 輯	呂增娣	電　　話	(02) 8990-2588
編　　輯	吳雅芳、藍勻廷	傳　　真	(02) 2299-7900
	黃子瑜		
美術主編	劉錦堂	製版印刷	卡樂彩色製版印刷有限公司
行銷總監	呂增慧		
資深行銷	吳孟蓉	初　　版	2019 年 10 月
		一版二刷	2020 年 12 月
發 行 部	侯莉莉	定　　價	新臺幣 360 元
財 務 部	許麗娟、陳美齡	I S B N	978-986-364-152-0（平裝）
印　　務	許丁財		
出 版 者	橘子文化事業有限公司		

國家圖書館出版品預行編目 (CIP) 資料

小烤箱的低醣低碳甜點：餅乾 x 派塔 x 吐司 x
蛋糕 x 新手必備的第一本書 / 陳裕智作 . -- 初
版 . -- 臺北市：橘子文化，2019.10
　面；　公分
ISBN 978-986-364-152-0（平裝）

1. 點心食譜
427.16　　　　　　　　　　　108015827

地址： 縣/市 　鄉/鎮/市/區 　路/街

段 巷 弄 號 樓

三友圖書有限公司 收
SANYAU PUBLISHING CO., LTD.

106 　台北市安和路2段213號4樓

三友圖書
讀書俱樂部

「填妥本回函，寄回本社」，
即可免費獲得好好刊。

▼

＼ 粉絲招募歡迎加入 ／

臉書／痞客邦搜尋
「四塊玉文創／橘子文化／食為天文創
三友圖書──微胖男女編輯社」
加入將優先得到出版社提供的相關
優惠、新書活動等好康訊息。

四塊玉文創×橘子文化×食為天文創×旗林文化
http://www.ju-zi.com.tw
https://www.facebook.com/comehomelife

親愛的讀者：

感謝您購買《小烤箱的低醣低碳甜點：餅乾 x 派塔 x 吐司 x 蛋糕 x 新手必備的第一本書》一書，為感謝您對本書的支持與愛護，只要填妥本回函，並寄回本社，即可成為三友圖書會員，將定期提供新書資訊及各種優惠給您。

姓名 ＿＿＿＿＿＿＿＿＿＿＿＿＿＿ 出生年月日 ＿＿＿＿＿＿＿＿＿＿＿＿＿＿＿＿

電話 ＿＿＿＿＿＿＿＿＿＿＿＿＿ E-mail ＿＿＿＿＿＿＿＿＿＿＿＿＿＿＿＿＿＿

通訊地址 ＿＿＿＿＿＿＿＿＿＿＿＿＿＿＿＿＿＿＿＿＿＿＿＿＿＿＿＿＿＿＿＿＿

臉書帳號 ＿＿＿＿＿＿＿＿＿＿＿＿＿＿＿＿＿＿＿＿＿＿＿＿＿＿＿＿＿＿＿＿＿

部落格名稱 ＿＿＿＿＿＿＿＿＿＿＿＿＿＿＿＿＿＿＿＿＿＿＿＿＿＿＿＿＿＿＿

1 年齡
□ 18 歲以下　　□ 19 歲～ 25 歲　□ 26 歲～ 35 歲　□ 36 歲～ 45 歲　□ 46 歲～ 55 歲
□ 56 歲～ 65 歲　□ 66 歲～ 75 歲　□ 76 歲～ 85 歲　□ 86 歲以上

2 職業
□軍公教　□工　□商　□自由業　□服務業　□農林漁牧業　□家管　□學生
□其他

3 您從何處購得本書？
□博客來　□金石堂網書　□讀冊　□誠品網書　□其他 ＿＿＿＿＿＿＿＿＿＿＿
□實體書店 ＿＿＿＿＿＿＿＿＿＿＿＿＿＿＿＿＿＿＿＿＿＿＿＿＿＿＿＿＿＿＿

4 您從何處得知本書？
□博客來　□金石堂網書　□讀冊　□誠品網書　□其他 ＿＿＿＿＿＿＿＿＿＿＿
□實體書店 ＿＿＿＿＿＿＿＿＿＿　□ FB（四塊玉文創／橘子文化／食為天文創 三友圖書——微胖男女編輯社）
□好好刊（雙月刊）　□朋友推薦　□廣播媒體

5 您購買本書的因素有哪些？（可複選）
□作者　□內容　□圖片　□版面編排　□其他 ＿＿＿＿＿＿＿＿＿＿＿＿＿＿＿

6 您覺得本書的封面設計如何？
□非常滿意　□滿意　□普通　□很差　□其他 ＿＿＿＿＿＿＿＿＿＿＿＿＿＿＿

7 非常感謝您購買此書，您還對哪些主題有興趣？（可複選）
□中西食譜　□點心烘焙　□飲品類　□旅遊　□養生保健　□瘦身美妝　□手作　□寵物
□商業理財　□心靈療癒　□小說　□其他 ＿＿＿＿＿＿＿＿＿＿＿＿＿＿＿＿＿

8 您每個月的購書預算為多少金額？
□ 1,000 元以下　　□ 1,001 ～ 2,000 元　　□ 2,001 ～ 3,000 元　□ 3,001 ～ 4,000 元
□ 4,001 ～ 5,000 元　□ 5,001 元以上

9 若出版的書籍搭配贈品活動，您比較喜歡哪一類型的贈品？（可選 2 種）
□食品調味類　□鍋具類　□家電用品類　□書籍類　□生活用品類　□ DIY 手作類
□交通票券類　□展演活動票券類　□其他 ＿＿＿＿＿＿＿＿＿＿＿＿＿＿＿＿＿

10 您認為本書尚需改進之處？以及對我們的意見？

＿＿＿＿＿＿＿＿＿＿＿＿＿＿＿＿＿＿＿＿＿＿＿＿＿＿＿＿＿＿＿＿＿＿＿＿＿

感謝您的填寫，
您寶貴的建議是我們進步的動力！